AF471560

ARBEITSGEMEINSCHAFT FÜR FORSCHUNG
DES LANDES NORDRHEIN-WESTFALEN

GEISTESWISSENSCHAFTEN

Jahresfeier
am 14. Mai 1958
in Düsseldorf

ARBEITSGEMEINSCHAFT FÜR FORSCHUNG
DES LANDES NORDRHEIN-WESTFALEN

GEISTESWISSENSCHAFTEN

HEFT 80

Werner Richter

Wissenschaft und Geist in der Weimarer Republik

SPRINGER FACHMEDIEN WIESBADEN GMBH

ISBN 978-3-663-04025-5 ISBN 978-3-663-05471-9 (eBook)
DOI 10.1007/978-3-663-05471-9

Ursprünglich erschienen bei Westdeutscher Verlag · Köln und Opladen 1958

Wissenschaft und Geist in der Weimarer Republik

Von Professor D. Dr. phil. *Werner Richter*, Bonn

Vorwort

Der hier veröffentlichte Vortrag ist anläßlich der Jahrestagung der Arbeitsgemeinschaft für Forschung des Landes Nordrhein-Westfalen im Mai 1958 gehalten worden. Man wird es dem einstigen Leiter des Preußischen Hochschulwesens nicht verargen, wenn die preußischen Verhältnisse in den Vordergrund gestellt werden. Als Vorstudie für eine Darstellung in sehr viel größerem Zusammenhang sucht dieser Vortrag die Aufmerksamkeit auf Probleme zu ziehen, die der heutigen Generation nicht mehr hinreichend bekannt und fast alle aktuell geblieben sind. Eine zusammenfassende Darstellung bedarf eines weiteren Rahmens. Sie wird die Zeit Althoffs berücksichtigen, auf die Bestrebungen des Reichs und der übrigen deutschen Länder näher eingehen und die Eigenart allgemeiner Fragen der Verwaltungskunst im kulturellen Raume aufzeigen müssen. Auch die konfessionellen Probleme bedürfen, soweit sie in die Wissenschaft hineinreichen, einer Berücksichtigung.

Für diesen in Düsseldorf gehaltenen Vortrag kam es zunächst einmal darauf an, auf dem Wissenschafts- und Kulturgebiet etwas von einer Vergangenheit aufleuchten zu lassen, die im Augenblick stärker vergessen zu sein scheint, als es für die Lösung der großen Bildungsaufgaben der Gegenwart wünschenswert ist.

„Aufschluß erwarten Sie nicht; der Welt- und Menschengeschichte gleich, enthüllt das zuletzt aufgelöste Problem immer wieder ein neues aufzulösendes"
Goethe an Reinhard, 7. September 1831

Als mir die Frage vorgelegt wurde, ob ich in der Lage wäre, über die Wissenschaft in der Weimarer Zeit zu sprechen, war ich mir klar darüber, daß dieser Gegenstand eine geisteswissenschaftliche Monographie erfordert, die im Zusammenhang mit der damaligen geistigen Situation von Wissenschaft und Kunst, mit der Politik und Kulturpolitik der Zeit, mit den historischen Fakten und unter Berücksichtigung der Vielfalt wissenschaftlicher Unternehmungen und Fragestellungen geschrieben werden müßte. Hier und heute kann ich nur eine Skizze bieten, in welcher dies und jenes aufschimmert und schnell wieder verschwindet, so manches nur vorüberhuscht, anderes verschwiegen wird. Eine Vermessenheit ist es in jedem Falle, diesen Gegenstand in einer Stunde zu behandeln. Man möge mir es auch verzeihen, wenn ich der Versuchung nicht widerstehe, naheliegende Parallelen zur Gegenwart zu ziehen.

Wenn man die Weimarer Republik erwähnt, verknüpfen sich damit Gedanken dreifacher Art. Die erste Assoziation ist die Erinnerung an ihre Entstehung aus oder nach der Niederlage, die Tatsache, daß die Weimarer Republik nach der Meinung so mancher Geschichtsforscher zunächst eine Republik wider Willen war. Die zweite Erwägung berührt das Ende, den Umstand, daß es der Republik nicht gelang, sich zu behaupten, daß, wie einer der Geschichtsschreiber der deutschen Republik es formuliert, der Versuch des deutschen Volkes, sich selbst zu regieren, scheiterte. Damit nähert man sich schon dem dritten Gedankengang. In dem Wort „Bonn ist nicht Weimar" geistert die Sorge, Bonn könnte doch Weimar sein oder Weimar werden. Die Bonner Republik spiegelt sich – ob sie es will oder nicht – ständig in der Erinnerung an Weimar. Im guten wie im weniger guten sucht man nach Leitbildern und ist oft von sorgenden Vergleichen heimgesucht. Soweit die Wissenschaften in Betracht kommen, mag uns ein Wort Goethes dabei in den Sinn kommen: Es lautet: „Wer sich mit Wissenschaften abgibt, leidet erst durch Retardationen und dann durch Praeocoupationen. Die erste Zeit wollen die Menschen dem keinen Wert zugestehen, was wir ihnen überliefern, und dann gebärden sie sich, als wenn ihnen alles schon bekannt wäre, was wir ihnen überliefern können."

Wie aber ist nun geschichtliche Betrachtung möglich, wenn sie von jemand versucht wird, der selbst im wissenschaftlichen Raume dieser Epoche gelebt hat. Die Aufgabe ist, über das Vorfeld memoirenhafter Befangenheit hinauszukommen. Grillparzer hat einmal gesagt: „In die Zukunft schauen, ist schwer, in die Vergangenheit *rein* zurückzuschauen, noch schwerer. Ich sage – *rein* –, das heißt ohne von dem, was in der Zwischenzeit sich begeben oder herausgestellt hat, etwas in den Rückblick hineinzumischen." Da die Erinnerung an die Weimarer Republik zwölf Jahre lang mit Füßen getreten worden ist, darf man sich allerdings zu dem Ziel bekennen, das Verständnis der Weimarer Epoche zu fördern und die geschichtliche Wirklichkeit von Wahnvorstellungen zu befreien. In politischer Hinsicht ist die Weimarer Zeit auch heute noch wissenschaftlich umstritten. Die Belastung der Demokratie durch der verlorenen Krieg brachte es nach dem Urteil von Bracher und Eschenburg mit sich, daß die Gründung der Weimarer Republik einem Teil der Nachwelt nicht als das Ergebnis einer Evolution, sondern als taktischer Ausweg, als eine Art Notlösung, erscheint. Der Zusammenbruch war in Deutschland eine größere Überraschung als im Ausland und für die Dauer konnten die aktiven Gegenkräfte nicht zurückgedrängt werden. Die Kulturpolitik, die unablässig an einer Vertiefung des demokratischen Bewußtseins arbeitete, stand restaurativen Gegenkräften, romantisch-nationalen Proteststimmungen einer neu emporgewachsenen nationalistischen Ideologie gegenüber. Die Inflation am Anfang und die große Wirtschaftskrise am Ende führten dazu, daß nach einem Worte Brachers nicht der Bankerotteur, sondern der Liquidator schuldig gesprochen wurde.

Otto Braun, der Preußische Ministerpräsident, beantwortet in seinen Memoiren die Frage: Wie konnte es zur Hitlerdiktatur kommen? mit den Worten: Versailles und Moskau.

Wir weichen dem Problem aus, wie Politik und Kultur, Macht und Idee miteinander zusammenhängen. Kulturideen haben jedenfalls etwas von einem Betriebsstoff, der den Weg der geschichtlichen Begebnisse vorwärtstreibt, aber sie machen allein noch nicht Geschichte. Kein Staat wird sich den

Spannungen entziehen können, die aus dem Wirken ererbter und neuer Ideen auf der einen Seite und geschichtlicher Wandlungen auf der anderen Seite entstehen. Kulturideen sind immer auch von dem Willen getragen, die Zukunft mitzugestalten. Sache des Staatsmannes ist es, in seiner Vision kommender Dinge das geistige Streben und Denken der Zeit mit ins Spiel zu setzen. Die Frage freilich, ob die Niederlage eines Volkes oder der Untergang demokratischer Systeme durch falsche oder unzureichende Erziehung hervorgerufen sei, ist kaum richtig gestellt, sie sieht die irrationale Dynamik geschichtlichen Fortschreitens zu primitiv.

Aber ist es überhaupt möglich, den sogenannten Zeitgeist auf bestimmte, durch politische Ereignisse begrenzte Epochen zu beschränken? Der Expressionismus ist ein halbes Menschenalter vor dem Ende des ersten Weltkrieges aufgekommen und wirkte weiter bis etwa 1925. Die Quantentheorie, die Einsteinsche Theorie, gehören ihrer Entstehung nach in das erste Jahrzehnt des Jahrhunderts. Sie entwickelten sich in den zwanziger Jahren weiter und sind in ihren Auswirkungen auch heute noch unabsehbar und unerschöpft. Das Selbstverständnis der damaligen Zeit war von dem Bewußtsein einer Kulturkrise entscheidend beeinflußt. Derartige Stimmungen und Gefühle haben freilich auch vorher existiert. Hegel schreibt in seiner Phänomenologie von 1807: „Es ist übrigens nicht schwer zu sehen, daß unsere Zeit eine Zeit der Geburt und des Überganges zu einer neuen Periode ist. Der Geist hat mit der bisherigen Welt seines Daseins und Vorstellens gebrochen und steht im Begriff, es in die Vergangenheit hinab zu versenken, er steht in der Arbeit seiner Umgestaltung." In seinem Buch über Schelling sagt Jaspers, daß es zu keiner Zeit zerfallenere Menschen als zu Schellings Zeit gab. In der Weimarer Zeit ging es von der Feststellung, daß man in einer Kulturkrise lebe, weiter zur Diagnose des Kulturverfalles und des Kultursturzes. Heute erkennen wir, daß der Bogen, der diese Problematik bezeichnet, sich sehr viel weiter spannt, als man es um 1920 oder 1925 wohl geglaubt hat.

Unsere heutige Epoche unterscheidet sich von der nach dem ersten Weltkrieg dadurch, daß in den zwanziger Jahren die Kulturlage nicht in gleichem Maße mit der Vermassung in Verbindung gebracht wurde, wie das heute der Fall ist. Aber von den anonymen Mächten der Zukunft sprach damals ein Mann vom Range Schelers mit unheimlichem Ahnungsvermögen. Den Verflechtungen von Geist und Masse ließ Tillich eine erste Analyse zuteil werden. Das Gefühl von der Unabänderlichkeit dieser Kulturkrise trat aber noch nicht so elementar wie heute hervor. Die damaligen Bildungspolitiker hatten einen viel vitaleren Glauben an die Möglichkeit der Einwirkung auf das Geschehen, als das heute der Fall ist. Aus solcher Vitalität nährte sich ein enthusiastischer Wille zur Reform, ein Vertrauen auf Veränderungsmöglichkeiten, demgegenüber sich die heutige Kulturstimmung wie gelähmt ausnimmt. Erst die Arbeits- und Beschäftigungslosigkeit am Ende der Weimarer Zeit löste Angst aus, aber noch nicht die Angst, die sich heute in den beinahe hysterischen Hinweisen auf die Vermehrung der Menschheit bis zum Jahre 2000 Luft macht. In den zwanziger Jahren war man geneigter, sich mit näherliegenden Problemen zu beschäftigen, diese aber unter allen Umständen einer Lösung zuzuführen.

Fünfzig Jahre lang hatten liberale und soziale Ideen vergeblich um ihre Verwirklichung gerungen. So hatte man nachzuholen und suchte die Zukunft zu gestalten, indem man den Ideen, die durch ein Halbjahrhundert keine Erfüllung finden konnten, den Weg bahnte. Die Bildungstheoretiker der damaligen Zeit waren nicht versucht, die Zukunft eines weiteren Halbjahrhunderts zu berücksichtigen, aber dafür waren sie auch nicht durch das Gefühl einer vorläufigen Endgültigkeit gehemmt, welches heute die Aussicht in die Zukunft vernebelt. Die demokratische Entwicklung Westeuropas sollte in Deutschland nach 1918 im Fluge nachgeholt werden. Sie mußte mit der Lösung sozialer Probleme verbunden werden, die bisher nicht einmal in Frankreich, England oder Amerika in Angriff genommen waren. Soweit sich die Bildung, die geistige Entwicklung im Raume staatlicher Organisation entfaltete, war das Wohin aus dem Woher viel leichter zu entwickeln als heute, wo der vielbeklagte Mangel an klaren Zukunftszielen in grellem Widerspruch steht zu einem nervösen Sicherheitsverlangen und die Zukunft undurchdringlicher erscheint denn je.

Spenglers Untergang des Abendlandes, im Jahre 1918 erschienen, erbot sich allerdings auch, den Blick in die Zukunft der nächsten Jahrhunderte aufzutun. „In diesem Buch", so begann Spengler, „wird zum ersten Male der Versuch gewagt, Geschichte vorauszubestimmen." Ein kulturpessimistischer Determinismus tauchte das Schicksal des Abendlandes in düstere Farben. „Unsere Kulturmöglichkeiten haben wir erfüllt und verbraucht", hieß es da. „Der Verfall der nächsten zwei Jahrhunderte ist mit dem Untergang der antiken Welt zu vergleichen. Die Zeitaufgabe kann aber trotzdem in heroischer Erkenntnis des Schicksals ohne sentimentale Trauer über das Verlorene bewältigt werden." Was war verloren? Die Kultur des 18. Jahrhunderts, die Kultur der Goethezeit, die dichterische, musikalische und philosophische Blüte des 19. Jahrhunderts. Vernunft, Wissenschaft, Kunst haben die Wiederkehr von Ereignissen nicht verhindern können, wie sie immer wieder in Abständen über die Menschheit brausen, von Ereignissen, in denen die Würde der Menschheit mit Füßen getreten wurde. Epochen, in denen die sogenannte Vernunft herrschte und die Leidenschaften regulierte, wechseln und werden wieder wechseln mit solchen, in denen elementare Urtriebe neu erwachen, in denen die Menschheit mit leichter Hand preiszugeben bereit ist, was sie an Geist, Seele, Adel schwer errungen hat. Die Menschheit taumelt in den Urzustand zurück. Der dämonische Urmensch erwacht, unbewußt oder halb bewußt ordnet er sich ins kosmische All ein. Die geistige Urproduktion erlischt.

Es ist bekannt, wie sehr diese neue Kulturphilosophie mit ihrem sensationellen Haupttitel, ihrer Herausarbeitung kollektiver Kulturzusammenhänge, trotz herber Kritik von Fachspezialisten das Weltgefühl der letzten vierzig Jahre beeinflußt hat. Die Wirkung ist auch heute nicht zu Ende. Spengler spukt noch in der modernen archaischen Philosophie der Gescheiterten, die da behauptet, daß über das Thema Geist nur noch längst Bekanntes gesagt werden könne, und daß uns nur eine Neubestimmung dessen helfen könne, was als Natur noch sichtbar bleiben wird.

Zu Beginn der zwanziger Jahre versuchte die staatliche Bildungspolitik der sich anbahnenden und in Spenglers Buch angekündigten Tragödie des Intellektualismus zu begegnen. Ein hingebendes Streben wurde sichtbar, das Unfaßliche, das sich ereignet hatte, so zu begreifen, daß es nicht einer Neugestaltung im Wege stände, in der sich Ordnung und Freiheit vereinten. Aber am Ende der Weimarer Zeit schoß dennoch alles das empor, was in Spenglers Kulturphilosophie das Zeitbewußtsein ergriffen hatte. Die Geister, die Spengler gerufen hatte, wurde dieser Hexenmeister selber nicht mehr los. Daß es mit Zeitdiagnostik und Prophezeiung allein nicht getan war, wurde in den Schriften von Huizinga und Jaspers klar, die sich beide bemühten, Wege aufzuweisen, die aus der Gefahr herausführen könnten. Huizinga sah im offenbaren Gegensatz zu Spengler in dem Begriff der Kulturhöhe keine meßbare Größe. Er leugnete ein kulturelles Steigen und Fallen und sprach nur von Kulturgewinnen und Kulturverlusten. Er glaubte allerdings, daß die höchsten Formen wissenschaftlicher Entwicklung mit schlimmster Barbarei gepaart sein könnten. Eine Kultur aber kann nach Huizinga auch bei wissenschaftlichem Gipfeldasein niemals hoch heißen, wenn ihr die Barmherzigkeit fehle. Nach den Flitterwochen eines scheinbar gefestigten Internationalismus war nach Huizinga die Demokratie nach 1918 ohne Pathos geblieben, der Hypernationalismus habe weitere Kulturverluste bewirkt.

Und Jaspers sprach kurz vor dem Ende der Epoche von der Unfaßlichkeit des Ganzen, von der Apolitie, die im Wechselverhältnis stehe zu blindem politischem Wollen, von der wachsenden Sophistik sich selbst entfliehender Menschen, von dem Ausweichen vor Entscheidung und Unbedingtheit, einem Ausweichen, durch welches eine neue sehr bequeme Form des Friedens entwickelt worden sei, von der Übermacht des Anonymen und der Entmenschlichung in der Massengesellschaft. 1927 machte auch Carl J. Burckhardt in seinen Briefen an Hoffmannsthal die atemversetzende Feststellung, „daß wir schweren, daß wir rohen, grausamen Zeiten entgegengehen, vor allem Zeiten der Lüge." Das Schön- und Edelsehen des Späthumanismus werde untergehen, die Zerstörung der menschlichen Substanz sei am beklagenswertesten.

Ich habe diese Stimmungen aus dem Anfang und Ende der Weimarer Zeit zu vergegenwärtigen gesucht, weil die Bemühungen der Zeit auf dem Gebiete der Kultur und der Wissenschaft an diesem Kulturpessimismus gemessen werden müssen. Es scheint mir ein geschichtliches Verdienst des Weimarer Staates zu sein, daß er sich als Pfleger und Schützer des Geistes dem Pessimismus der Zeit mit den Mitteln der Ratio besonnen und verantwortungsbewußt entgegenwarf.

Ich versuche die wissenschaftlichen Bemühungen der Zeit zu würdigen und bitte zu verstehen, daß ich das nur in Auswahl und nur vom Standpunkt des Geisteswissenschaftlers aus tue. Der Anteil des Staates an der Gestaltung des wissenschaftlichen Lebens kann niemals so bedeutsam und so zeitentbunden sein wie der Anteil der Wissenschaften an der Gestaltung staatlichen und gesellschaftlichen Lebens. Mit der Beherrschung der Naturkräfte für menschliche Zwecke, mit der Rationalisierung der großen Apparaturen, mit der Organisation menschlicher Massen, mit der Einwirkung der Spezialwissenschaften auf Leben und Lebensstil hat sich heute der wissenschaftliche Einfluß so sehr verstärkt, daß das Wort Wissenschaft zu einer Art anonymer Magie geworden ist, einer Magie, mit welcher weder die staatliche Finanzkraft noch der Wille, den wissenschaftlichen Menschen vor der Verbeamtung zu bewahren, Schritt hält. Das war in den zwanziger Jahren anders. Damals stand das öffentliche Leben gegenüber der Wissenschaft in seltsamem Zwiespalt. Noch lebten auf vielen Gebieten große Meister, die durch das Gewicht ihrer Leistungen unsere heutige Epoche überragen. Viele von ihnen standen dem neuen Staat nicht freundlich gegenüber. Es lag zum Teil an dem stark traditionellen Zug, der wissenschaftlicher Betätigung anzuhaften pflegt, auch wohl unter anderem an der einsameren Lebensführung, welche die schöpferische Arbeit erheischt und welche ein realistisches Verständnis der Umwelt nicht erleichtert.

Die sozialdemokratische Partei, die nach 1918 die Zügel ergriff, war ihrer Geschichte und ihrer rationalen Weltanschauung entsprechend zunächst wissenschaftsfreundlich. Sie war bereit, auch den wissenschaftlichen Institutionen Vertrauen entgegenzubringen. Nun aber sah eine beträchtliche Zahl deutscher Professoren in dem neuen Ordnungsgefüge nur ein Übel. Wie sollten die neuen Repräsentanten des Staates Freude an den Vertretern der Wissenschaft behalten, wenn diese sich mit Leidenschaft als Gegner der neuen Staatsform bekannten. Es war verständlich, daß das Gefühl enttäuschter Liebe bei den Linksparteien die Beziehungen zur wissenschaftlichen Welt beeinträchtigte. Als dann der politische Rechtsradikalismus bei der akademischen Jugend wuchs, hat zum Beispiel der Preußische Ministerpräsident Otto Braun – es war 1930 – Worte gesprochen, welche den politischen Weitblick dieses Mannes und sein politisches Augenmaß ins Licht setzen. Er sagte: „Auf dem Gebiete der Ausbildung unseres akademischen Nachwuchses hat sich in den letzten Jahren eine Überproduktion herausgebildet, die bereits die bedenklichsten Erscheinungen in unserem öffentlichen Leben zeitigt. Wir sollen die durch die Zeitumstände in geistige Wirrnis geratenen jungen Menschen nicht schelten. Auf ihre Kindheit fielen die Schatten der Kriegsnöte und die Irrlichter der Siege. Es ist daher unsere Aufgabe, und vor allem auch eine der vornehmsten Aufgaben der akademischen Lehrkörper, diesen jungen Menschen den Weg aus der geistigen Wirrnis unserer Tage zur wenn auch noch so bitteren Wahrheit und Klarheit zu weisen." Preußen besaß damals, nachdem die Neugründung der Universität Köln dank der Initiative Adenauers erfolgt war, zwölf Universitäten und vier Technische Hochschulen, der zweitgrößte Staat Bayern drei Universitäten und eine Technische Hochschule. Deshalb war die Preußische Wissenschaftsverwaltung vor allen anderen Ländern dazu berufen, der Organisation der Wissenschaft zu dienen. Die eigentümlich widerspruchsvolle Stellung, welche Bildung und Erziehung im preußischen Militärstaat einnahmen, hatte das Preußische Bildungsministerium von jeher zu einer heftig umbrandeten Insel gemacht. Ein gewisser Kulturliberalismus war jedoch seit dem Beginn des 19. Jahrhunderts in Preußen immer zu spüren. Nach 1918 stellte die Preußische Regierung einen Fachmann, einen Professor, an die Spitze der Kulturverwaltung. Er blieb trotz des Wandels politischer Konstellationen bis 1930 mit der Leitung des Bildungswesens betraut. Mit nie versiegendem Vertrauen und – wie es der Herr Bundespräsident einmal ausgedrückt hat – mit einer außerordentlichen Lebensneugier, mit einem Gespür für das Neue auch da, wo es seiner Eigenart zunächst fremd sein mochte, ergriff *Carl Heinrich Becker* seine Aufgabe.

Wir betrachten kurz das Wissenschaftsprogramm, das Becker in den Tagen des Zusammenbruchs entwarf und an dem er während seiner zwölfjährigen Amtszeit festgehalten hat. Er stellte die Frage, ob das deutsche Erziehungssystem versagt habe. Das entscheidende Moment sah er in der Vernachlässigung des Ethischen und Sozialen gegenüber dem Intellektuellen. Aber er betonte, daß der Rationalismus, wenn irgendwo, in der Wissenschaft nötig sei, die Triebhaftigkeit der wissenschaftlichen Produktion habe allerdings den Sinn für Auswahl und Synthese verkümmern lassen. Man habe auch nicht genügend von der internationalen Wissenschaft zu lernen vermocht. Der Hauptcharakterzug des deutschen Volkes sei nun einmal sein Partikularismus. Partikularismus sei in diesem Falle nichts anderes als auf das Gemeinschaftsleben übertragener Individualismus. Er finde sich ebenso in der Bürokratie wie innerhalb der Hochschulen. Mit dem Partikularismus hänge auch das Überhandnehmen des Spezialistentums zusammen. „Unsere schöne und herrliche deutsche Wissenschaft", so sagte Becker, „ist mit ihrer fortschreitenden Differenzierung aller Disziplinen auf dem besten Wege, zu bürokratisieren. Man habe die Wissenschaft durch Spezialistentum und Stoffüberfülle retten wollen. Er verlangte nach dem, was er Synthese nannte. Dieser Weckruf nach einer Synthese in den Wissenschaften trug Becker erbitterte Feinschaft ein. Er sah auch in der allerdings historisch verständlichen Abtrennung der Technischen Hochschulen von den Universitäten einen ungeheuren Fehler, ein Symptom dieses Partikularismus. Noch 1946 hat übrigens Jaspers die gleiche Ansicht vertreten. Becker regte ein viel intensiveres Auslandsstudium an. Er hat es an den deutschen Hochschulen erst recht eigentlich begründet. Er, der viel im Ausland herumgekommen war, sah in der auch heute nicht ganz verschwundenen nationalen Introvertiertheit deutscher Wissenschaftler eine besondere Gefahr. Deshalb trat er dafür ein, daß jede Hochschule die Möglichkeit erhielte, sich der Erforschung eines bestimmten ausländischen Kulturkreises zu widmen und stellte das Auslandsstudium in den größeren Zusammenhang soziologischer Betrachtung.

Paradoxerweise wurde damals noch die Soziologie trotz der großen weltberühmten Leistungen von Lorenz Stein, Tönnies, Vierkandt, Max Weber, Simmel, Sombart, Troeltsch als „eine unscharf fixierte und verschwommene Disziplin" angesehen, die der strengen Methode entbehre. Jedenfalls sollte sie vom Katheder gebannt sein. Mittlerweile hatte das große Vorbild deutscher Forscher nach Frankreich und Amerika herübergewirkt. Mit seiner Forderung, die Soziologie an allen Universitäten als Lehrfach einzuführen, stieß Becker auf leidenschaftlichen Widerspruch. Ohne soziologisches Verständnis der Gegenwart sah er aber das Leben der Wissenschaften selbst nicht gewährleistet. Sehr bald danach haben dann Max Scheler mit seiner Wissenssoziologie und später noch Alfred Weber mit seiner Kultursoziologie den von Becker gewünschten Durchbruch vollzogen. Heute haben Forscher vom Range Plessners, Schelskys, Adornos und andere der deutschen Soziologie neuen Ruhm erobert. Die soziologischen Funktionen und Faktoren des Gemeinschaftsdaseins gerieten endlich in den Brennpunkt der Betrachtung. Die ablehnende Haltung der Universitäten und eines Teils der Gelehrten gegenüber der Soziologie hing ohne Zweifel mit dem Wissenschaftsideal der Vergangenheit zusammen. Das deutsche Wissenschaftsideal war zu Anfang des 19. Jahrhunderts von den Geisteswissenschaften stark beeinflußt worden. Dann kam der gewaltige Aufschwung der Naturwissenschaften, er veränderte etwas die Lage. Der französische Positivismus und der angelsächsische Empirismus wirkten ein. Der Positivismus waltete ja bis zum Ausgang des ersten Weltkrieges. Die Tatsachenforschung stand im Vordergrund. Das „Gegebene" war Hauptgegenstand der Forschung. Gelehrte wie Lamprecht oder Ostwald waren Ausnahmen. Der spekulative Geist des deutschen Idealismus, wie er sich zu Anfang des 19. Jahrhunderts offenbart hatte, war verdächtig geworden. Das Zeitalter vor dem ersten Weltkrieg ist im Grunde ein unphilosophisches Zeitalter gewesen. Es fehlte doch wohl in manchen Zweigen der Wissenschaft der Wille zum System. Daß die Fakten nur die Unterlage für eine pneumatische Deutung der Wirklichkeit bieten, wollte man nicht recht anerkennen. Geschichtliche Betrachtung schien gelehrt zu haben, daß Systeme vergehen, daß die Geistesgeschichte aufzufassen sei als eine Kette von relativen, zeitgeschichtlich bedingten Versuchen, welche zwar das Wesen des Menschen erhellen, aber keine absolute Wahrheit verbürgen. Hatten nicht alle metaphysischen Gebäude mit der Zeit ihre Baufälligkeit erwiesen? Auf den philosophischen Lehrstühlen wurden Erkenntniskritik und Erkenntnistheorie bevorzugt und zu hoher Feinheit ausgebildet. Auf das Ganze gesehen, galt die philosophische Betrachtung der Vorkriegszeit mehr dem Wie als dem Was. Die Einzelforschung wanderte auf einer unendlichen Straße, das Ziel der Zusammenfassung rückte ferner.

Nun aber kam in den zwanziger Jahren die große Gegenbewegung gegen Positivismus und – Historismus in Fluß. Man rüttelte an der Rankeschen Lehre, daß man erforschen könne, wie sich die Dinge wirklich begeben hätten. Der Begriff der geschichtlichen Wirklichkeit wurde problematisch. Das stolze Wort von der „Voraussetzungslosigkeit der Wissenschaft", das einst Mommsen in Beschlag genommen hatte, der Glaube, daß eine von weltanschaulichen Urteilen und Vorurteilen freie Wissenschaft möglich sei, geriet in Zweifel. Max Webers große Gedanken über die „Wissenschaft als Beruf" stellten das „Erlebnis" der Wissenschaft, die Leidenschaft für die Wissenschaft heraus und die „Eingebung", ohne die auch die strengste Spezialisierung nichts erwirke. Den wissenschaftlichen Fortschritt definierte Max Weber als den wichtigsten Bestandteil jenes Intellektualisierungsprozesses, dem wir seit Jahrhunderten unterliegen. Aber, so fragte er, „Hat dann der in der okzidentalen Kultur durch Jahrtausende fortgesetzte Entzauberungsprozeß irgend einen über das rein Praktische und Technische hinausgehenden Sinn?" Ein Kulturmensch erhasche von dem, was das Leben des Geistes stets neu gebiert, nur den winzigsten Teil, und immer nur etwas Vorläufiges, nichts Endgültiges. Diesen von Tolstoi beeinflußten Gedankengängen stellte Weber dann die Frage gegenüber, was die Wissenschaft Positives für das praktische und persönliche „Leben" leiste. Neben den Kenntnissen und den Denkmethoden, die sie vermittelt, verhelfe sie zur Klarheit im ewigen Kampfe der Götter, zur Klarheit über die Konsequenzen jeder Stellungnahme, zur Klarheit über die Unvereinbarkeit und Unaustragbarkeit der letzten überhaupt *möglichen* Standpunkte zum Leben, zur Notwendigkeit, sich zwischen ihnen zu entscheiden.

Wer mehr von der Wissenschaft erwarte, wer durch sie erfahren wolle, welchem der kämpfenden Götter man dienen solle, der müsse sich an Propheten und Heilande wenden. Er warnte vor den kleinen und kleinsten Propheten in Hörsälen. Die Rationalisierung der Welt, die Entzauberung der Welt verdränge vielleicht die „sublimsten Werke" in ein hinterweltliches Reich mystischen Lebens. Aber mit dem Harren und Sehnen auf neue Propheten und Heilande sei es nicht getan. Ein gewisser Relativismus, eine gewisse Brüchigkeit des Übergangs, eine gewisse Skepsis und Resignation, die für die Zeit nach 1918 charakteristisch war, lagen wohl in den Ausführungen Max Webers. Aber sie waren heilsam gegenüber der Überhebung und der Selbsttäuschung, welche bisher „Objektivität der Wissenschaft" genannt wurde. Die neue Wissenschaftslehre leugnete die Möglichkeit dieser Art von Objektivität. Selbst im Idealismus wurzelnde Forscher wie Spranger gaben dem Begriff der Vorurteilslosigkeit eine erweiterte und veränderte Deutung. Starke Kritik an bisher für unumstößlich gehaltenen Erkenntnisgrundlagen setzte ein. „Keine Historie kann wirkliche Vorgänge wiedergeben", so hatte es Simmel am Ende seiner Tage formuliert. Er setzte dem mathematisch-naturwissenschaftlichen a priori ein historisches a priori an die Seite. Alle Historie ist Auslese, Deutung, durch ihre Begriffsbildung bedingte Subjektivität und insoweit nicht Realität. Die Zweifel an der Möglichkeit objektiver historischer Erkenntnis sind seitdem nicht mehr zum Schweigen gekommen. Sie gingen Hand in Hand mit Bedenken gegen die Möglichkeit unbeteiligter Naturbeobachtung, die durch die großen umwälzenden Gedankenbildungen der Naturwissenschaften ausgelöst wurden. Ganz neu war das nun freilich nicht, schon bei Goethe findet sich der Satz „Das Höchste wäre, zu begreifen, daß alles Faktische schon Theorie ist". Der große Physiologe Johannes Müller wandelte auf ähnlichen Pfaden. Aber das war vergessen. Heute ist der Gedanke, daß die Wirklichkeit nur als Interpretation zugänglich und die objektive Realität dem Menschen verschlossen ist, sowohl dem Naturwissenschaftler wie dem Geisteswissenschaftler geläufig.

Das berühmte Buch von Troeltsch über „den Historismus und seine Probleme" erschien 1922. Es spiegelt die Krise der Wissenschaftslehre. Nicht die historische Forschung stand in der Anfechtung, wohl aber die „allgemeinen philosophischen Grundlagen und Elemente des geistigen Denkens". Der historischen Dynamik stellt Troeltsch in subtiler Analyse den Begriff einer neuen Kultursynthese gegenüber. Eine Universalgeschichte, die organisiert ist aus der Idee einer gegenwärtigen Kultursynthese, kann ihre Orientierung nur in dem finden, was Troeltsch „Europäismus" nennt. Die Beschränkung der Universalgeschichte auf das Europäertum sei dadurch gerechtfertigt, daß von einem gemeinsamen Kulturgehalt der Menschheit nicht die Rede sein könne. Der Sinn einer gemeinsamen Kultureinheit werde nur in der Begrenzung sichtbar, in einer Fortbildung des Europäismus. Man sieht, wie weit wir uns in einem Menschenalter von dieser Konzeption entfernt haben und wie wir andererseits doch noch im gleichen Fluß schwimmen.

Die Zeit erlaubt leider nicht, diese Problematik weiter zu verfolgen. Der Faktualismus, welcher das Wissenschaftsideal mehr als fünfzig Jahre beherrscht hatte, wurde jedenfalls nach dem ersten Weltkrieg zu Grabe getragen.

Den symbolischen Sinngehalt des Geschehens zu erkunden und sich vor Augen zu halten, daß alle Gegenstände der Erkenntnis in der Sprache des Forschers reden, darin sah man ein neues Ziel. Das neue Ziel begeisterte die jüngere und die mittlere Generation. Stimmen, die von einem Zusammenbruch der Wissenschaft sprachen, existierten freilich auch, aber sie blieben vereinzelt. Von Troeltsch stammt aus dem Jahre 1921 der Ausspruch: „Die

Revolution in der Wissenschaft bezieht sich auf die Geisteswissenschaften, auf Philosophie und Historie". Nicht auf allen Gebieten empfand man freilich die Notwendigkeit einer Revolution. Die Renaissance des Einflusses von Dilthey begann zum Beispiel recht eigentlich in dieser Zeit. Die Lebensphilosophie, die mit Nietzsche anfängt und über Dilthey zu Bergson ging, wurde zwar von Rickert als Modestimmung bezeichnet, aber sie faszinierte die Jugend und die Jugendbewegung. In diesem Zusammenhang darf man wohl auch an die im Zeichen Stefan Georges stehende eigentümliche Überführung des dichterischen Wertgefüges in die Wissenschaft erinnern. So esoterisch auch die Attitüde des Georgekreises in ihrer gesuchten Ablehnung aller sozialen Regungen war, die „hellenisch-katholische" Weltbegründung des Georgekreises mit ihrer Apotheose von Mythus und Legende, ihrer Biologisierung der großen geistigen Phänomene, setzte eine neue Kunstbetrachtung ins Werk. Sie war allerdings in ihrer normenhaften Exklusivität immer in Gefahr, sich in gnostisch übersinnliche Atmosphären zu verfliegen. Auch sonst durchdrangen geisteswissenschaftliche Perspektiven in reicher Vegetation das wissenschaftliche Leben. Setzt man diese Dinge in Beziehung zu unserer eigenen Zeit, so möchte es fast scheinen, als sei die damalige Zeit von den Fragwürdigkeiten des Daseins weniger heimgesucht worden, als das heute der Fall ist; denn heute geht mit einem Unsicherheitsgefühl, das die Orientierungsmöglichkeiten untergräbt, der scheinbare Wunsch nach Verwissenschaftlichung des ganzen Daseins, ein wahrer Wissenschafts-Chiliasmus, Hand in Hand. Wissen und Wissenschaft dienen oft nicht mehr der Wirklichkeitsdeutung und Wesensformung, sondern sie werden als zweckbestimmte Ausflucht gegenüber der Undurchsichtigkeit der Zukunft angesehen, sie werden als Heilmittel gegen die Krankheiten der Zeit betrachtet. Aber der Mensch lebt nicht von Wissenschaft allein.

Die Frage nach der *Einheit* der Wissenschaft aber bewegt die Gemüter noch genau so wie in der Weimarer Zeit. Der Zusammenklang der Einzelwissenschaften hatte hundert Jahre lang seine Rechtfertigung im Humboldtschen Universitätsideal gefunden. Die humanistische Universität wurde ja in ihrer Wissenschaftsidee getragen vom Idealismus der Humboldt, Fichte, Schleiermacher. In den zwanziger Jahren hat Rudolf Otto dann diese Idee die Idee der Utopisten genannt. Die Spannungen nach dem ersten Weltkrieg konnten nicht mehr durch den Gedanken der Selbstentfaltung und der Steigerung der menschlichen Idealität bewältigt werden. Natürlich hatte der Humanismus nicht die Schuld daran, daß sich der Sinn für die Gemeinschaft in Deutschland weniger als in den angelsächsischen Demokratien entwickelt hatte. Der Industriestaat, aber auch der wachsende Nationalismus des 19. Jahrhunderts mit seiner kollektiven Selbstverherrlichung hatten jedoch die humanistische Tradition verdunkelt, und die Tatsache, daß sich die humanistische Bildung 1933 als ein dünner Firnis erwiesen hat, bestätigte aufs neue, wie der Humanismus einen Teil seiner geistigen Nährkraft eingebüßt hatte. Diese Entwicklung war lange im Anzuge. Das Wachstum der Bevölkerung, die Versachlichung durch die Technik, die Vervielfältigung der akademischen Berufe und der Hochschultypen, hatten das Humboldtsche Ideal unterwühlt, ohne daß man es rechtzeitig wahrhaben wollte. Die Richertsche Schulreform der zwanziger Jahre suchte zu heilen, brachte aber neue Verstimmungen in das Bildungswesen. Es blieb nur übrig, die Monopolstellung des Neuhumanismus zu beseitigen. Der Mensch konnte die Welt nicht mehr, wie Humboldt es nannte, „in seine Einsamkeit verwandeln". Die Individualkultur der Harmonie versank und mit ihr das Ideal der Elite, das gewiß nicht durch den gellenden Schrei nach der Entwicklung von Talenten wieder belebt werden kann. In den zwanziger Jahren haben die Regierenden wie die Universitäten allerdings danach Ausschau gehalten, ob man nicht den Morgentraum der Menschheit, den man Griechentum nennt, trotz aller Widerstände der Zeit weiterträumen könnte. Der leider wieder so schnell vergessene damalige Gedanke, die mittelalterliche facultas artium zu modernisieren, hat heute eine schwächlichere Auferstehung im studium generale gefunden. Es ist bedauernswert, daß man in den zwanziger Jahren die facultas artium an den Universitäten nicht geschaffen hat. Noch vor einem Jahr hat Spranger in einer amerikanischen Zeitschrift erklärt, er habe seit drei Jahrzehnten für die Einführung einer Zwischenstufe zwischen Schule und Universität vergeblich gekämpft. Mit bloßer Vermehrung des Lehrkörpers und mit einer Änderung der Lehrtechnik sei es nicht getan. Für die Unruhe und Ungeduld unserer Zeit ist es allerdings symptomatisch, daß es bereits Mode geworden ist, das studium generale, das immerhin im Zusammenhang ähnlicher Erwägungen steht, wie sie in der Idee der facultas artium zum Ausdruck kamen, als einen Mißerfolg anzusprechen. Man verwechselt dabei die Idee des studium generale mit ihrer Durchführung, welche einstweilen unter einem Mißverständnis dessen, was wahre Lernfreiheit ist und unter mangelnder Lehrorganisation leidet. Lehnt man das studium generale ab, so wird man sich klar darüber werden müssen, daß man damit ein weiteres Stück humanistischer Lebensdeutung an unseren Hochschulen begräbt. Es ist jedenfalls ein Mißverständnis der Idee des studium universale, wenn man das studium universale mit dem Hinweis ablehnt, daß es in die Schule gehöre.

Es wäre kein Ruhm für Deutschland, wenn diese Idee, die in angelsächsischen Ländern lebendig ist, gerade in Deutschland nicht mehr verstanden würde.

Die Absetzung vom platonisch-neuhumanistischen Vermächtnis der idealistischen Gründungszeit nach dem Weltkrieg bezeichnete eindrucksvoll den Anfang einer neuen Wissenschaftsära. Der harmonisierende Fortschrittsglaube, der heute noch in angelsächsischen Ländern weiterlebt, zerbrach und mit ihm auch die Symbiose, in welcher Bildung und Wissenschaft existiert hatten.

Damit rühre ich auch an das Entstehen der dialektischen Theologie und der Existentialphilosophie. Die Barthsche Wendung von 1921 stellte der idealistischen Anthropologie eine theozentrische Orientierung gegenüber. Sie suchte sich gegen jeden Gedanken eines menschlichen Kulturfortschritts abzuschirmen. Das Geheimnis des Menschen ist das Geheimnis des Nichtseins und des Todes, es enthüllt die Grenze seiner Existenz. Der Sinn des menschlichen Lebens ist nicht aus dem Leben selbst, nicht aus der Endlichkeit des Denkens heraus erklärbar. Der Mahnruf dieser Theologie der Krise hallt in unsere Zeit herüber. Er würde noch eindrucksvoller bleiben, hätten sich einige ihrer Vertreter nicht neuerdings in die Endlichkeit der Tagespolitik verirrt. Die Existentialphilosophie aber, die in der Nähe der Barthschen Theologie wohnte, ist zunächst eine deutsche Schöpfung, so wenig sie in ihrem Ursprung den Einfluß Kierkegaards und Dostojewskis verleugnen konnte. Nur dadurch, daß der Faden zum Ausland 1933 abriß, hat die Existentialphilosophie paradoxerweise Amerika erst durch das französische Medium eines Sartre erreicht. Diese Existentialphilosophie von Heidegger und Jaspers, die noch heute diesem und jenem ein Ärgernis oder eine Torheit ist, war die Sensation der zwanziger Jahre. Sie hat, wie niemand leugnen wird, mit ihren Konzeptionen von Sein und Zeit, Sein und Dasein, Angst und Geworfenheit, ein Neues geschaffen, das sich von der Philosophie des 19. Jahrhunderts abhob. Die idealistische Trennung von Objekt und Subjekt zerfiel in nichts. Die schöpferischen Impulse, die von der dialektischen Theologie und der Existentialphilosophie ausgegangen sind und noch immer von ihr ausgehen, wird auch der nicht leugnen können, der sich ihrem Ansturm entzieht. Heute haben beide Bewegungen vielleicht ihre Höhepunkte überschritten. Aber in beiden Schöpfungen versinnbildlicht sich die geistige Kontinuität, die zwischen unserer Zeit und der Weimarer besteht.

Ich kehre nun zurück zu dem Beckerschen Programm, zu den Problemen der pädagogischen und organisatorischen Hochschulreform. „Das Bedürfnis nach Reform unseres akademischen Lebens", so schrieb Becker 1919, „wird ziemlich allgemein anerkannt, am wenigsten von den Professoren, stärker von den Studenten, am stärksten gewiß vom akademischen Nachwuchs und von den vielen Geistigen außerhalb des engeren Rahmens der Hochschule." Klingt das nicht beinahe, als wäre es heute gesagt? Wenn man bedenkt, daß der Durchführung der damaligen Reformgedanken nur eine Zeit von vierzehn Jahren beschieden war, so sieht es nicht so aus, als würde man in unserer Zeit nach 14 Jahren soviel erreicht haben wie damals. In zweifacher Hinsicht war allerdings die damalige Epoche im Vorteil gegenüber unserer Zeit. Das Hochschulwesen war nach dem ersten Weltkrieg im Organisatorischen und Pädagogischen einigermaßen intakt geblieben, während es materiell und geistig nach dem zweiten Weltkrieg zerstört war. Das zweite ist, daß das Überfüllungsproblem erst am Ende der Weimarer Zeit einsetzte. Zu Beginn der Reformbestrebungen fiel das noch heute zitierte Wort Beckers „Der Kern unserer Universitäten ist gesund, der rein wissenschaftliche Geist ist lebendig". Aber was für einen akademischen Menschen brachte die Universität hervor? Die Frequenz der Hochschule wuchs derart, daß beim Durchschnittsstudenten die rein wissenschaftliche Zielsetzung zur Fiktion wurde. Und doch waren viele Professoren auf diese Fiktion eingestellt. Becker klagte über die mangelnde Fühlung der Gelehrten mit den Berufen, für welche sie an der Universität ausbildeten. Die rein pädagogischen Gesichtspunkte standen damals wie heute im Verruf und doch forderte die beginnende Überfüllung an den Universitäten gebieterisch eine Reform des Studienaufbaues. Man ging in der Medizin, in den Rechtswissenschaften, in der Philosophischen Fakultät ans Werk. Studienreformen wurden in Gemeinschaft mit den Fakultäten vorbereitet. Sie konnten bei der Kürze der Lebensdauer, die der Weimarer Republik beschieden war, nicht mehr zu voller Auswirkung kommen, aber sie stehen als mahnender Vorwurf in jedem Sinne vor unserer Zeit. Ich will hier nur das Wort „juristischer Repetitor" anklingen lassen, das schon in der Weimarer Zeit ein Anstoß erster Ordnung war. Dazu kam und kommt, daß der deutsche Dozent sein Lehramt in der Regel ohne pädagogische Vorschulung begann nach dem schönen Dichterworte „Ich singe wie der Vogel singt, der in den Zweigen wohnet". Für den geborenen Lehrer war dabei kein Wagnis, für die andern aber war alles dem Ohngefähr überlassen. Die Regierungen fielen mit ihrer Betonung *hochschulpädagogischer* Gesichtspunkte den großen Gelehrten auf die Nerven. Wilamowitz hat einmal im kleineren Kreise gesagt, „Man nehme einen Mühlstein und versenke die Pädagogik im Meer, da es am tiefsten ist".

Zum ersten Mal wandte man sich auch der Frage zu, ob nicht der Gedanke der Studentenlernfreiheit übersteigert werde. „Das Verhältnis von Kolleg und Seminar müßte umgekehrt sein", stand in Beckers Gedanken zur Hochschulreform. Aber der Mythos der Lernfreiheit, das, was der Präsident einer irischen Universität kürzlich die Pathologie der akademischen Freiheit genannt hat, wirkt noch heute fort. Noch immer wird die Lernfreiheit zur Schutzheiligen gemacht für Vernachlässigung des Lehraufbaues oder unzureichende pädagogische Organisation.

Die Zeit erlaubt nicht, weitere Organisationsprobleme zu behandeln, auch nicht die humanistische Bewegung, welche an einigen Technischen Hochschulen entstand.

Die Arcana des Berufungswesens aber sollen noch kurz behandelt werden, weil im Berufungswesen der Pulsschlag wissenschaftlichen Lebens unmittelbar fühlbar wird.

Das deutsche System, in dem Fakultäten und Ministerien bei der Besetzung von Lehrstühlen zusammenwirken, wird seit langem als verhältnismäßig zufriedenstellend angesehen. Es hat gegenüber den Gepflogenheiten anderer Kulturländer gewisse Vorteile. Althoff hat man freilich den Vorwurf gemacht, er habe die Fakultäten öfter vergewaltigt. Dem steht aber gegenüber, daß sich die wissenschaftlichen Körperschaften schon im 19. Jahrhundert gelegentlich Kurzsichtigkeiten und Voreingenommenheiten haben zuschulden kommen lassen. Hegel wurde infolge der Voreingenommenheit Schleiermachers nicht in die Preußische Akademie der Wissenschaften gewählt. Mommsen ist einmal einer Fakultät aufgezwungen worden. In der Weimarer Zeit ist Troeltsch, obwohl er schon in Heidelberg korrespondierendes Mitglied der Berliner Akademie war, nach seiner Berufung nach Berlin nicht zum ordentlichen Mitglied gewählt worden. Nur durch besonderes Eingreifen des Preußischen Kultusministeriums wurde er nach großem Widerstreben schließlich doch in die Akademie als ordentliches Mitglied gewählt. Daß Ehrlich niemals eine ordentliche Professur erhielt, sondern nur durch das Eingreifen Althoffs die aus privaten Mitteln geschaffene Stellung des Direktors seines Frankfurter Instituts erlangte, ist kein Ruhmeszeichen für das deutsche Hochschulwesen der Vergangenheit. Freilich liegt auf Althoffs Wirksamkeit auch der Schatten des seinerzeit berühmten Falles Spahn, der Oktroyierung des jungen Spahn in der Straßburger Fakultät, die berechtigterweise viel Staub aufgewirbelt hat. – Max Weber hat in seinem Vortrag „Wissenschaft als Beruf" im Jahre 1919 die Fakultätsauslese eine Auslese durch Kollektivwillensbildung genannt. Er sagt: „Zu wundern hat man sich nicht darüber, daß öfter Fehlgriffe erfolgen, sondern daß eben doch verhältnismäßig angesehen, immerhin die Zahl der richtigen Besetzungen eine trotz allem sehr bedeutende ist. Nur wo, wie in einzelnen Ländern die Parlamente, oder wie bei uns bisher, die Monarchen (beides wirkt ganz gleichartig) oder jetzt revolutionäre Gewalthaber aus *politischen* Gründen eingreifen, kann man sicher sein, daß bequeme Mittelmäßigkeiten oder Streber allein die Chancen für sich haben". Wenn Weber dann hinzufügt, kein Universitätslehrer denke gern an Besetzungserörterungen zurück, denn sie seien selten angenehm, so spricht das nicht gerade für die Harmonie in den Fakultäten. Demokratische Gebilde mit ihren „Kollektivwillensbildungen" können eben nur dann funktionieren, wenn nicht ein Einzelner glaubt, seinem sogenannten Gewissen – von diesem Wort wird ja in Verkennung des Geistes des Evangeliums in Universitäten etwas viel Gebrauch gemacht – unter allen Umständen zum Durchbruch verhelfen zu müssen. In einem demokratischen Gebilde, in einer Zunftgenossenschaft, wie sie die Fakultäten darstellen sollten, kann allein der Wille zum Konsensus und zum Kompromiß erfolgreiche Arbeit gewährleisten. Von Geschäftemachern, die sich mit Fachvertretern anderer Fakultäten auf Gegenseitigkeit versichern und vom Cliquenwesen braucht man nicht zu reden. So etwas korrigiert sich in gesunden Fakultäten durch Rechtschaffenheit und wissenschaftliche Integrität.

Was nun die Weimarer Zeit betrifft, so hat es ganz am Anfang der Revolution und wohl auch unter der Nervosität des Endes, da das Nazitum herandrang, nicht an Versuchen gefehlt, die Wünsche von Fakultäten umzubiegen. Auch in den Fakultäten gab es zu Beginn der Nazizeit noch Kräfte, die den Mut hatten zu widerstehen und solche, denen die Sachlichkeit abhanden kam. Den vier preußischen Kultusministern der Weimarer Zeit, Hänisch, Boelitz, Becker, Grimme, muß man nachrühmen, daß sie, jeder in seiner Weise, sich ehrlich bemühten, rein parteipolitischen Einflüssen Widerstand zu leisten.

Zwei Dinge aber scheinen mir noch der Erwähnung wert. Das eine war die Berücksichtigung hervorragender Gelehrter, die aus diesem oder jenem Grunde von den Fakultäten nicht genügend gewürdigt wurden. Hier hatten und haben auch heute noch nach meiner Meinung die Regierungen die Pflicht, Umschau zu halten und nach Möglichkeit regulierend in das Berufungswesen einzugreifen, um dem wirklichen Talent den Weg zu öffnen. Das große Preußen hatte da freilich ganz andere Möglichkeiten als kulturelle Kleinstaaten mit vielleicht nur einer Hochschule. Das zweite ist die

Frage, wieweit die Initiative der Regierung gegenüber den Vorschlägen der Fakultäten gehen soll. Heute hört man immer wieder die Forderung, die Regierung solle sich streng an die Vorschläge der Fakultäten, ja sogar an die Reihenfolge der Vorschläge halten. In der Zeit der Weimarer Republik hielt man ebenso wie in den Zeiten der Monarchie ein solches Verlangen für zu weitgehend, und zwar nicht um der Rechtslage willen, die wie so vieles im Universitätsrecht flüssig ist und von Universitätslehrern anders dargestellt wird als von reinen Verwaltungsbeamten, sondern aus viel allgemeineren Gründen. Wenn die Universitäten und Hochschulen auch Veranstaltungen des Staates sind, so wächst dem Staat die Aufgabe zu, über den Lehrbetrieb und die geistige Zusammensetzung einer Fakultät Erwägungen anzustellen, welche einer geistigen, pädagogischen, ethischen Niveaubestimmung des corpus magistrorum der Hochschulen nützlich sind. Regierungen können, wenn sie sich frei hielten von parteipolitischen Einflüssen und von Willkürlichkeiten persönlicher Natur, oft einen unbefangneren Ausblick gewinnen als Fachgruppen und Fakultäten. Das setzt freilich Objektivität und Weitblick voraus. Ein Großstaat wie Preußen durfte mit seinem überwiegenden Einfluß und der Zahl seiner wissenschaftlichen Einrichtungen sehr viel eher den Anspruch auf Überblick und Führung erheben als das heute in den vielen Kleinstaaten der Fall sein kann. Als beim Anbruch der Weimarer Zeit alle diese Probleme den Verantwortlichen in Preußen vor die Seele traten, fanden sie so gut wie keinerlei Dokumentation vor, durch die sie Aufschluß hätten gewinnen können über wissenschaftliche Persönlichkeiten und ihre verschiedene Beurteilung, über Strömungen, Stimmungen und Verstimmungen der einzelnen Wissenschaftszweige. Die preußische Kulturverwaltung hat sich dann im großen wie im kleinen das objektive Material für ganz Deutschland zu beschaffen gesucht. Damit vermochte sie einen gesicherten Überblick über die wissenschaftliche Bewegung in Deutschland zu gewinnen, der auch den Vergleich mit dem Ausland in sich schloß. So wurde sie urteilsfähig im Berufungswesen. Niemals sollte allerdings die Entscheidung über Berufungen allein vom Urteil der Regierung abhängen. Erst im Zusammenspiel von Fakultäten und Regierungen wird eine gesunde wissenschaftliche Fortbewegung ermöglicht.

Innerhalb von zehn Jahren waren in Preußen neue Hochschulsatzungen fertiggestellt. Die alten Statuten, welche oft fast 100 Jahre alt waren, wurden der neuen Zeit angepaßt. Es wäre nicht ohne Reiz zu zeigen, wieviel von dem, was heute an den Universitäten selbstverständlich scheint, in der damaligen Universitätsreform zum Teil unter erbittertem Widerspruch durchgeführt wurde. Andere Schwächen des damaligen Universitätslebens müssen auch heute noch als neuralgische Punkte betrachtet werden. Drei Dinge lassen Sie mich noch herausheben.

1. Die Stellung der *angewandten Wissenschaften* war noch so wenig in den Blickpunkt theoretischer Betrachtung geraten, daß die Verteidigung ihrer Existenz nicht in Betracht kam. Die Humboldtsche Tradition stand der willigen Anerkennung ihrer Bedürfnisse entgegen. Erst die Erfahrungen des Weltkrieges und die Erkenntnis der Notwendigkeiten unserer Zeit haben hier – auch unter dem Einfluß Amerikas und seines Pragmatismus – einen Wandel geschaffen. Denkt man an die Erlebnisse der Inflation und der Wirtschaftskrise, so wird man gewahr, welche Fortschritte die Volkswirtschaftslehre inzwischen gemacht hat. Damals wurde sie der Dinge nicht Herr.

2. Das Zweite wäre der Hinweis auf die Schaffung der Pädagogischen Akademien, in denen Becker immer seine eigenste Leistung gesehen hat. Diese Neugründung der Pädagogischen Akademien legte Zeugnis ab von einem leidenschaftlichen aber gebändigten Willen, das Bildungswesen durch neue Ideen zu verjüngen. Sie reflektierte die Überzeugung, daß die Universitäten und Hochschulen, die so schwer um ihre eigene Verjüngung rangen, nicht mit weiteren Problemen, die von außen an sie herangetragen waren, belastet werden sollten.

3. Wenn ich vorhin davon sprach, daß so manche Schwierigkeiten der damaligen Zeit noch immer nicht gelöst sind, so gehört in diesen Zusammenhang das Problem der kulturpolitischen Zuständigkeit des Reiches in wissenschaftlichen Fragen. Die Neuschaffung einer eigenen Reichskulturbehörde widersprach der Überlieferung. Schon im Jahre 1919 veröffentlichte Becker eine Schrift „Kulturpolitische Aufgaben des Reiches". Als Ziel einer gesamtdeutschen Bildungspolitik wurde bezeichnet „die Einsetzung geistiger Werte zur Festigung im Innern, zur Auseinandersetzung mit den anderen Völkern nach außen". Das Reich sollte dafür verantwortlich werden, daß die „Notwendigkeiten kultureller Aufgaben in den Gliedstaaten nicht vernachlässigt wurden". Der bisherige Mangel an Einheitlichkeit im deutschen Bildungswesen sprang in die Augen. Becker empfahl eine weiche Hand und ein langsames Vorgehen, das die Vergangenheit der Einzelländer berücksichtige. „Das theoretische Ziel", so hieß es allerdings bei Becker, „ist natürlich wie der politische so der kulturelle Einheitsstaat. Praktisch sind beide, wenn überhaupt, auf absehbare Zeit nicht zu erreichen." Die sanguinischen Hoffnungen auf die Möglichkeit einer großzügigen stilschaffenden vereinheitlichenden Kulturpolitik des Reiches waren bald zerronnen. Die Gründe dafür

will ich heute aus dem Rahmen unserer Betrachtung ausschließen, weil sie nicht allein auf dem wissenschaftlichen Gebiet liegen. Es scheint, daß der Kompetenzenstreit und das, was Rüstow Unterintegrierung nannte, auf dem Wissenschafts- und Kulturgebiet deutsches Schicksal bleibt. Die Wissenschaftspflege des Reiches, die schon früher z. B. den Monumenten, den Archäologischen Instituten, den physikalisch-biologischen Reichsanstalten galt, wurde nun auf die *Kaiser-Wilhelm-Gesellschaft* ausgedehnt, die gemeinsam mit Preußen finanziert wurde, und auf *die neugegründete Notgemeinschaft,* die zunächst als Nothilfe gedacht war. Damit wurde ein neuer Typus der Wissenschaftspflege ins Leben gerufen, um dessen Ausbau sich Professor Dr. Schreiber historische Verdienste erworben hat. Dieser Ausbau unterlag mannigfacher Kritik und mannigfachen Zweifeln. Aber im Licht eines Ausbaues wissenschaftlicher Selbstverwaltung, wie sie sich heute anbahnen könnte, ständen ihr nicht das Übergewicht und die grämliche Bürokratie mancher Finanzverwaltungen und nicht minder der fortwährende Wechsel der Repräsentanten der Selbstverwaltung, insbesondere der Rektoren im Wege, ich sage, im Licht eines Ausbaues der Selbstverwaltung hat die Notgemeinschaft, ganz abgesehen von ihrer Förderung der Wissenschaften auch als konstruktives Modell autonomer Wissenschaftsorganisation, ihre Bedeutung gehabt. Sie war, wie ihr Name sagt, durchaus als vorübergehende Institution gegründet worden. Als ein Selbstverwaltungsorgan der Universitäten, Akademien und wissenschaftlichen Gesellschaften sollte sie durch Appelle an die Öffentlichkeit das Zusammenströmen von Mitteln aus finanzkräftigen Kreisen fördern. Als dann die Finanzierung doch zum allergrößten Teil dem Reiche zufiel, glaubte die preußische Kulturverwaltung benachteiligt zu sein, da sie selbst zugunsten der Notgemeinschaft auf die Bereitstellung größerer Mittel für die gleichen Zwecke verzichtet hatte. Anstoß nahm man überhaupt daran, daß die Kulturbehörden des Reichs nicht die Länderkulturverwaltungen als ihre Exekutivorgane benutzten, sondern sich der Mittlerschaft von Verbänden bedienten, die oft genug Reich und Länder gegeneinander auszuspielen versuchten. Bis in die letzten Wochen seines Lebens hinein hatte sich Becker Gedanken gemacht über die Bildung einer Arbeitsgemeinschaft für die Wissenschaftspflege, die das Reich und Preußen zusammenfassen sollte.

Die Tatsache, daß die Selbstverwaltung der Wissenschaft in den zwanziger Jahren schwächer entwickelt war als heute, springt in die Augen. *Ein* Grund dafür liegt darin, daß die zwanziger Jahre sich von der monarchischen Verwaltungsstruktur erst ganz allmählich zu lösen vermochten. Wenn die Selbstverwaltung der Hochschulen in der Weimarer Zeit nicht wesentlich über den Zustand, der in der Monarchie herrschte, hinauskam, so war dafür aber noch ein anderer Umstand verantwortlich. In Preußen wie in den meisten deutschen Gliedstaaten gehörten die Regierenden in der Regel den sogenannten Linksparteien und der Mitte an, der Sozialdemokratie, dem Zentrum, den Demokraten. Die deutsche Professorenschaft wie die deutsche Studentenschaft der damaligen Zeit waren aber in der Mehrzahl nach rechts orientiert. Daraus ergab sich ein Spannungsverhältnis, das die wissenschaftliche Kulturpolitik der Weimarer Republik naturgemäß schwer beeinträchtigt hat. Daß die politische Rechtsorientierung der akademischen Schichten des Verständnisses für die Leistungen der deutschen Kulturpolitik in der Weimarer Zeit entbehrte und daß dadurch in Deutschland schwerer Schaden angerichtet worden ist, wer wollte es heute bezweifeln? Geschichtliche Gerechtigkeit gebietet anzuerkennen, daß es unmöglich gewesen wäre, in einem Staatswesen, das ständig um seine eigene Existenz zu ringen hatte, unter solchen Umständen die Selbstverwaltung der Hochschulen zu erweitern. In welchem Geist aber die Hochschulverwaltung ihre Aufgabe erfüllte, zeigt ein Brief Beckers an Stresemann, der 1927 geschrieben wurde. Stresemann hatte versucht, die Berufung des Juristen Professor Kantorowicz nach Kiel zu verhindern, weil Kantorowicz in einem Gutachten über die Schuldfrage ein von der offiziellen Stellung abweichendes Urteil abgegeben hatte, das Stresemann für schädlich hielt. Becker antwortete darauf folgendes: „Kantorowicz ist eine jener merkwürdigen, man darf wohl sagen, genialen Persönlichkeiten, wie sie in Deutschland und England – aber wohl nur hier – in der Gelehrtenschaft vorkommen, bei denen ein starker wissenschaftlicher Idealismus den Regierenden gelegentlich recht unbequem werden kann ... Ich kann von seiner Berufung nur absehen, wenn ich einsehe, daß dadurch das deutsche Ansehen geschädigt würde ... Ich habe nicht auswärtige Politik zu machen ... aber ich bin allerdings verantwortlich dafür, daß die Freiheit der Überzeugung unserer akademischen Lehrer nicht durch politische Rücksichten eingeengt wird. Der Entschluß fällt mir außerordentlich schwer, weil ich in der Sache natürlich ebenso denke wie Sie ... Wäre nicht ein amtliches Mundtotmachen eines Mannes vom Range und Ethos von Kantorowicz vielleicht ein noch größerer Fehler? ...“ [1]. Kantorowicz wurde berufen.

Die Schwierigkeiten, welche die Wissenschaftspflege im Innern durchzukämpfen hatte, fanden ihren Ausgleich in der Anerkennung, welche die

[1] vgl. *E. Eyck*, Geschichte der Weimarer Republik, Bd. II, S. 141.

deutsche Wissenschaft gerade in der Weimarer Zeit in der Welt fand. Was an äußeren Ehrungen eingeerntet wurde, war zum Teil schon vor der Weimarer Zeit gesät worden. Immerhin, zwischen 1918 und 1933 wurden nicht weniger als 17 deutsche Gelehrte mit dem Nobelpreis bedacht, darunter Planck (übrigens erstaunlich spät), Einstein, Haber, Nernst, Windaus, Bosch, Schrödinger, Spemann, Otto Warburg.

Wir stehen am Ende unserer Betrachtung. Ich würde nicht erstaunt sein, wenn ich angesichts der Polytonie dessen, was ich vorgetragen habe, Positivist gescholten würde. Die Krise des modernen Menschen, der kalte Friede, der in unsere Hochschulen gedrungen ist, stellt heute an das Verantwortungsgefühl der Wissenschaft gegenüber der Gesellschaft höhere Anforderungen als je zuvor. Die deutschen Hochschulen erleben zur Zeit, wenn man die Rechnung mit dem Anfang des 19. Jahrhunderts beginnt, die fünfte Krise. Die dritte Krise der zwanziger Jahre, die ich unvollkommen genug skizziert habe, fiel in ein „Zeitalter der Lieblosigkeit", um den Titel eines Buches von 1926 zu beschwören. Aber noch war der deutsche Geist nicht durch die Anfechtungen des Wahns, der Massensuggestionen, der unheiligen Dämonien geschritten. Die Ratio hatte ihre Strahlkraft noch nicht verloren. Ihre Eigengesetzlichkeit konnte die deutsche Wissenschaft in der Weimarer Zeit bewahren. Man hoffte mit mehr Zuversicht als heute auf ein Weltalter des Ausgleichs. So erträumte es Scheler im Jahre 1927. Ein Weltalter des Ausgleichs zwischen relativ primitiver und höchst zivilisierter Menschheit, zwischen Kapitalismus und Sozialismus, zwischen Jugend und Alter, im Sinne der wechselseitigen Schätzung ihrer Geisteshaltungen sollte im Anzuge sein. Freilich fügte Scheler hinzu, die Weltalter des Ausgleichs sind die für die Menschheit gefährlichsten, tränentrunkensten. – Der Traum vom Weltalter des Ausgleichs ist versunken. Den Grad bevorstehender Gefahren konnte kein Sterblicher voraussehen. Vieles, was damals die Geister aufwühlte, ist von der Weimarer Epoche nicht bewältigt worden, es belastet noch unsere Zeit. Aber die geistige Kontinuität zwischen damals und heute ist wiederhergestellt. Wer wollte leugnen, daß die wissenschaftlichen Leistungen der Weimarer Epoche und der organisatorische Geist, der diese Leistungen mit entband, auch für die Gegenwart von Bedeutung sind. Manches mag heute überholt erscheinen. Manches ist eingeströmt in die geistige Atmosphäre, ohne daß man seines Ursprungs noch gewahr wird. Für anderes gilt, was Goethe einmal an die Spitze seiner naturwissenschaftlichen Gedanken setzte: „Älteres, beinahe Veraltetes". Um 1925 hieß es „Ende des Historismus". Heute spricht man von Geschichtsmüdigkeit, vom „Abschied von der bisherigen

Geschichte", von der „Kapitulation vor der Geschichte". Die Perspektiven der damaligen Zeit haben sich verschoben, aber vieles lebt wieder auf, wenn auch in verwandelter Form. Je nachdenklicher wir uns in die Weimarer Zeit versenken, je eher dürfen wir hoffen, der Anforderungen Herr zu werden, welche zukünftig in den Wissenschaften an uns gestellt werden. Politisch hat ein Unstern über der Weimarer Epoche gestanden. Blickt man aber auf die geistigen und wissenschaftlichen Leistungen dieser Zeit, so wird man schwerlich den Mut finden, von einer generellen Praeponderanz des Politischen über das Kulturelle zu sprechen. Die Bewegung des Geistes hängt eben nur in begrenztem Maße von den politischen Geschehnissen ab. Dafür bietet die Weimarer Zeit ein schlagendes Beispiel.

Den staatlichen Mächten der Weimarer Zeit darf man nachrühmen, daß sie auf dem Gebiet der Wissenschaft zu rechter Zeit zu handeln bemüht waren. Was unsere Zeit davon zu lernen hätte, steht bei Goethe im West-östlichen Divan:

„Warum ist Wahrheit fern und weit?
Birgt sich hinab in tiefste Gründe?"
Niemand versteht zur rechten Zeit! –
Wenn man zur rechten Zeit verstünde,
So wäre Wahrheit nah und breit
Und wäre lieblich und gelinde.

Die große Frage nach dem Sinn alles Forschens aber reicht über den Lebensraum der Wissenschaft und über die Eigengesetzlichkeit ihrer Methodik hinaus. Ihren eigentlichen Sinn wird die Wissenschaft nur solange erfüllen können, wie sich der Mensch als wahrer Mensch zu bewähren vermag.

VERÖFFENTLICHUNGEN DER ARBEITSGEMEINSCHAFT FÜR FORSCHUNG DES LANDES NORDRHEIN-WESTFALEN

NATURWISSENSCHAFTEN

HEFT 1

Prof. Dr.-Ing. Friedrich Seewald, Aachen
Neue Entwicklungen auf dem Gebiet der Antriebsmaschinen

Prof. Dr.-Ing. Friedrich A. Schmidt, Aachen
Technischer Stand und Zukunftsaussichten der Verbrennungsmaschinen, insbesondere der Gasturbinen

Dr.-Ing. Rudolf Friedrich, Mülheim (Ruhr)
Möglichkeiten und Voraussetzungen der industriellen Verwertung der Gasturbine

1951, 52 Seiten, 15 Abb., kartoniert, DM 2,75

HEFT 2

Prof. Dr.-Ing. Wolfgang Riezler, Bonn
Probleme der Kernphysik

Prof. Dr. Fritz Micheel, Münster
Isotope als Forschungsmittel in der Chemie und Biochemie

1951, 40 Seiten, 10 Abb., kartoniert, DM 2,40

HEFT 3

Prof. Dr. Emil Lehnartz, Münster
Der Chemismus der Muskelmaschine

Prof. Dr. Gunther Lehmann, Dortmund
Physiologische Forschung als Voraussetzung der Bestgestaltung der menschlichen Arbeit

Prof. Dr. Heinrich Kraut, Dortmund
Ernährung und Leistungsfähigkeit

1951, 60 Seiten, 35 Abb., kartoniert, DM 3,50

HEFT 4

Prof. Dr. Franz Wever, Düsseldorf
Aufgaben der Eisenforschung

Prof. Dr.-Ing. Hermann Schenck, Aachen
Entwicklungslinien des deutschen Eisenhüttenwesens

Prof. Dr.-Ing. Max Haas, Aachen
Wirtschaftliche Bedeutung der Leichtmetalle und ihre Entwicklungsmöglichkeiten

1952, 60 Seiten, 20 Abb., kartoniert, DM 3,50

HEFT 5

Prof. Dr. Walter Kikuth, Düsseldorf
Virusforschung

Prof. Dr. Rolf Danneel, Bonn
Fortschritte der Krebsforschung

Prof. Dr. Dr. Werner Schulemann, Bonn
Wirtschaftliche und organisatorische Gesichtspunkte für die Verbesserung unserer Hochschulforschung.

1952, 50 Seiten, 2 Abb., kartoniert, DM 2,75

HEFT 6

Prof. Dr. Walter Weizel, Bonn
Die gegenwärtige Situation der Grundlagenforschung in der Physik

Prof. Dr. Siegfried Strugger, Münster
Das Duplikantenproblem in der Biologie

Direktor Dr. Fritz Gummert, Essen
Überlegungen zu den Faktoren Raum und Zeit im biologischen Geschehen und Möglichkeiten einer Nutzanwendung

1952, 64 Seiten, 20 Abb., kartoniert, DM 3,—

HEFT 7

Prof. Dr.-Ing. August Götte, Aachen
Steinkohle als Rohstoff und Energiequelle

Prof. Dr. Dr. E. h. Karl Ziegler, Mülheim (Ruhr)
Über Arbeiten des Max-Planck-Institutes für Kohlenforschung

1953, 66 Seiten, 4 Abb., kartoniert, DM 3,60

HEFT 8

Prof. Dr.-Ing. Wilhelm Fucks, Aachen
Die Naturwissenschaft, die Technik und der Mensch

Prof. Dr. Walter Hoffmann, Münster
Wirtschaftliche und soziologische Probleme des technischen Fortschritts

1952, 84 Seiten, 12 Abb., kartoniert, DM 4,80

HEFT 9

Prof. Dr.-Ing. Franz Bollenrath, Aachen
Zur Entwicklung warmfester Werkstoffe

Prof. Dr. Heinrich Kaiser, Dortmund
Stand spektralanalytischer Prüfverfahren und Folgerung für deutsche Verhältnisse

1952, 100 Seiten, 62 Abb., kartoniert, DM 6,—

HEFT 10

Prof. Dr. Hans Braun, Bonn
Möglichkeiten und Grenzen der Resistenzzüchtung

Prof. Dr.-Ing. Carl Heinrich Dencker, Bonn
Der Weg der Landwirtschaft von der Energieautarkie zur Fremdenergie

1952, 74 Seiten, 23 Abb., kartoniert, DM 4,30

HEFT 11

Prof. Dr.-Ing. Herwart Opitz, Aachen
Entwicklungslinien der Fertigungstechnik in der Metallbearbeitung

Prof. Dr.-Ing. Karl Krekeler, Aachen
Stand und Aussichten der schweißtechnischen Fertigungsverfahren

1952, 72 Seiten, 49 Abb., kartoniert, DM 5,—

HEFT 12

Dr. Hermann Rathert, Wuppertal-Elberfeld
Entwicklung auf dem Gebiet der Chemiefaser-Herstellung

Prof. Dr. Wilhelm Weltzien, Krefeld
Rohstoff und Veredlung in der Textilwirtschaft

1952, 84 Seiten, 29 Abb., kartoniert, DM 4,80

HEFT 13

Dr.-Ing. E. h. Karl Herz, Frankfurt a. M.
Die technischen Entwicklungstendenzen im elektrischen Nachrichtenwesen

Staatssekretär Prof. Dr. h. c. Leo Brandt, Düsseldorf
Navigation und Luftsicherung

1952, 102 Seiten, 97 Abb., kartoniert, DM 7,25

HEFT 14

Prof. Dr. Burckhardt Helferich, Bonn
Stand der Enzymchemie und ihre Bedeutung

Prof. Dr. Hugo Wilhelm Knipping, Köln
Ausschnitt aus der klinischen Carcinomforschung am Beispiel des Lungenkrebses

1952, 72 Seiten, 12 Abb., kartoniert, DM 4,30

HEFT 15

Prof. Dr. Abraham Esau †, Aachen
Ortung mit elektrischen und Ultraschallwellen in Technik und Natur

Prof. Dr.-Ing. Eugen Flegler, Aachen
Die ferromagnetischen Werkstoffe der Elektrotechnik und ihre neueste Entwicklung

1953, 84 Seiten, 25 Abb., kartoniert, DM 4,80

HEFT 16

Prof. Dr. Rudolf Seyffert, Köln
Die Problematik der Distribution

Prof. Dr. Theodor Beste, Köln
Der Leistungslohn

1952, 70 Seiten, 1 Abb., kartoniert, DM 3,50

HEFT 17

Prof. Dr.-Ing. Friedrich Seewald, Aachen
Luftfahrtforschung in Deutschland und ihre Bedeutung für die allgemeine Technik

Prof. Dr.-Ing. Edouard Houdremont, Essen
Art und Organisation der Forschung in einem Industrieforschungsinstitut der Eisenindustrie

1953, 90 Seiten, 4 Abb., kartoniert, DM 4,20

HEFT 18

Prof. Dr. Werner Schulemann, Bonn
Theorie und Praxis pharmakologischer Forschung

Prof. Dr. Wilhelm Groth, Bonn
Technische Verfahren zur Isotopentrennung

1953, 72 Seiten, 17 Abb., kartoniert, DM 4,—

HEFT 19

Dipl.-Ing. Kurt Traenckner, Essen
Entwicklungstendenzen der Gaserzeugung

1953, 26 Seiten, 12 Abb., kartoniert, DM 1,60

HEFT 20

Lw. M. Zvegintzow, London
Wissenschaftliche Forschung und die Auswertung ihrer Ergebnisse
Ziel und Tätigkeit der National Research Development Corporation

Dr. Alexander King, London
Wissenschaft und internationale Beziehungen

1954, 88 Seiten, kartoniert, DM 4,20

HEFT 21

Prof. Dr. Robert Schwarz, Aachen
Wesen und Bedeutung der Silicium-Chemie

Prof. Dr. Dr. h. c. Kurt Adler, Köln
Fortschritte in der Synthese von Kohlenstoffverbindungen.

1954, 76 Seiten, 49 Abb., kartoniert, DM 4,—

HEFT 21a

Prof. Dr. Dr. h. c. Otto Hahn, Göttingen
Die Bedeutung der Grundlagenforschung für die Wirtschaft

Prof. Dr. Siegfried Strugger, Münster
Die Erforschung des Wasser- und Nährsalztransportes im Pflanzenkörper mit Hilfe der fluoreszenzmikroskopischen Kinematographie

1953, 74 Seiten, 26 Abb., kartoniert, DM 5,—

HEFT 22

Prof. Dr. Johannes von Allesch, Göttingen
Die Bedeutung der Psychologie im öffentlichen Leben

Prof. Dr. Otto Graf, Dortmund
Triebfedern menschlicher Leistung

1953, 80 Seiten, 19 Abb., kartoniert, DM 4,—

HEFT 23

Prof. Dr. Dr. h. c. Bruno Kuske, Köln
Zur Problematik der wirtschaftswissenschaftlichen Raumforschung

Prof. Dr. Dr.-Ing. E. h. Stephan Prager, Düsseldorf
Städtebau und Landesplanung

1954, 84 Seiten, kartoniert, DM 3,50

HEFT 24

Prof. Dr. Rolf Danneel, Bonn
Über die Wirkungsweise der Erbfaktoren

Prof. Dr. Kurt Herzog, Krefeld
Bewegungsbedarf der menschlichen Gliedmaßengelenke bei der Berufsarbeit

1953, 76 Seiten, 18 Abb., kartoniert, DM 4,—

HEFT 25

Prof. Dr. Otto Haxel, Heidelberg
Energiegewinnung aus Kernprozessen

Dr.-Ing. Max Wolf, Düsseldorf
Gegenwartsprobleme der energiewirtschaftlichen Forschung

1953, 98 Seiten, 27 Abb., kartoniert, DM 5,25

HEFT 26

Prof. Dr. Friedrich Becker, Bonn
Ultrakurzwellenstrahlung aus dem Weltraum

Dr. Hans Straßl, Bonn
Bemerkenswerte Doppelsterne und das Problem der Sternentwicklung

1954, 70 Seiten, 8 Abb., kartoniert, DM 3,60

HEFT 27

Prof. Dr. Heinrich Behnke, Münster
Der Strukturwandel der Mathematik in der ersten Hälfte des 20. Jahrhunderts

Prof. Dr. Emanuel Sperner, Hamburg
Eine mathematische Analyse der Luftdruckverteilungen in großen Gebieten

1956, 96 Seiten, 12 Abb., 5 Tab., kart., DM 5,—

HEFT 28

Prof. Dr. Oskar Niemczyk, Aachen
Die Problematik gebirgsmechanischer Vorgänge im Steinkohlenbergbau

Prof. Dr. Wilhelm Ahrens, Krefeld
Die Bedeutung geologischer Forschung für die Wirtschaft, besonders in Nordrhein-Westfalen

1955, 96 Seiten, 12 Abb., kartoniert, DM 5,25

HEFT 29

Prof. Dr. Bernhard Rensch, Münster
Das Problem der Residuen bei Lernleistungen

Prof. Dr. Hermann Fink, Köln
Über Leberschäden bei der Bestimmung des biologischen Wertes verschiedener Eiweiße von Mikroorganismen

1954, 96 Seiten, 23 Abb., kartoniert, DM 5,25

HEFT 30

Prof. Dr.-Ing. Friedrich Seewald, Aachen
Forschungen auf dem Gebiete der Aerodynamik

Prof. Dr.-Ing. Karl Leist, Aachen
Einige Forschungsarbeiten aus der Gasturbinentechnik

1955, 98 Seiten, 45 Abb., kartoniert, DM 7,—

HEFT 31

Prof. Dr.-Ing. Dr. h. c. Fritz Mietzsch, Wuppertal
Chemie und wirtschaftliche Bedeutung der Sulfonamide

Prof. Dr. h. c. Gerhard Domagk, Wuppertal
Die experimentellen Grundlagen der bakteriellen Infektionen

1954, 82 Seiten, 2 Abb., kartoniert, DM 4,—

HEFT 32

Prof. Dr. Hans Braun, Bonn
Die Verschleppung von Pflanzenkrankheiten und -schädigungen über die Welt

Prof. Dr. Wilhelm Rudolf, Voldagsen
Der Beitrag von Genetik und Züchtung zur Bekämpfung von Viruskrankheiten der Nutzpflanzen

1953, 88 Seiten, 36 Abb., kartoniert, DM 5,—

HEFT 33

Prof. Dr.-Ing. Volker Aschoff, Aachen
Probleme der elektroakustischen Einkanalübertragung

Prof. Dr.-Ing. Herbert Döring, Aachen
Erzeugung und Verstärkung von Mikrowellen

1954, 74 Seiten, 23 Abb., kartoniert, DM 4,30

HEFT 34

Geheimrat Prof. Dr. Dr. Rudolf Schenck, Aachen
Bedingungen und Gang der Kohlenhydratsynthese im Licht

Prof. Dr. Emil Lehnartz, Münster
Die Endstufen des Stoffabbaues im Organismus

1954, 80 Seiten, 11 Abb., kartoniert, DM 4,20

HEFT 35

Prof. Dr.-Ing. Hermann Schenck, Aachen
Gegenwartsprobleme der Eisenindustrie in Deutschland

Prof. Dr.-Ing. Eugen Piwowarsky †, Aachen
Gelöste und ungelöste Probleme im Gießereiwesen

1954, 110 Seiten, 67 Abb., kartoniert, DM 6,50

HEFT 36

Prof. Dr. Wolfgang Riezler, Bonn
Teilchenbeschleuniger

Prof. Dr. Gerhard Schubert, Hamburg
Anwendung neuer Strahlenquellen in der Krebstherapie

1954, 104 Seiten, 43 Abb., kartoniert, DM 7,—

HEFT 37

Prof. Dr. Franz Lotze, Münster
Probleme der Gebirgsbildung

1957, 48 Seiten, 12 Abb., kartoniert, DM 2,75

HEFT 38

Dr. E. Colin Cherry, London
Kybernetik

Prof. Dr. Erich Pietsch, Clausthal-Zellerfeld
Dokumentation und mechanisches Gedächtnis — zur Frage der Ökonomie der geistigen Arbeit

1954, 108 Seiten, 31 Abb., kartoniert, DM 5,25

HEFT 39

Dr. Heinz Haase, Hamburg
Infrarot und seine technischen Anwendungen

Prof. Dr. Abraham Esau †, Aachen
Ultraschall und seine technischen Anwendungen

1955, 80 Seiten, 25 Abb., kartoniert, DM 4,80

HEFT 40

Bergassessor Fritz Lange, Bochum-Hordel
Die wirtschaftliche und soziale Bedeutung der Silikose im Bergbau

Prof. Dr. Walter Kikuth, Düsseldorf
Die Entstehung der Silikose und ihre Verhütungsmaßnahmen

1954, 120 Seiten, 40 Abb., kartoniert, DM 7,25

HEFT 40 a

Prof. Dr. Eberhard Gross, Bonn
Berufskrebs und Krebsforschung

Prof. Dr. Hugo Wilhelm Knipping, Köln
Die Situation der Krebsforschung vom Standpunkt der Klinik

1955, 88 Seiten, 31 Abb., kartoniert, DM 5,—

HEFT 41

Direktor Dr.-Ing. Gustav-Victor Lachmann, London
An einer neuen Entwicklungsschwelle im Flugzeugbau

Direktor Dr.-Ing. A. Gerber, Zürich-Oerlikon
Stand der Entwicklung der Raketen- und Lenktechnik

1955, 88 Seiten, 44 Abb., kartoniert, DM 6,—

HEFT 42

Prof. Dr. Theodor Kraus, Köln
Lokalisationsphänomene und Ordnungen im Raume

Direktor Dr. Fritz Gummert, Essen
Vom Ernährungsversuchsfeld der Kohlenstoffbiologischen Forschungsstation Essen

1957, 69 Seiten, 20 Abb., kartoniert, DM 4,50

HEFT 42 a

Prof. Dr. Dr. h. c. Gerhard Domagk, Wuppertal
Fortschritte auf dem Gebiet der experimentellen Krebsforschung

1954, 46 Seiten, kartoniert, DM 2,—

HEFT 43

Prof. Giovanni Lampariello, Rom
Über Leben und Werk von Heinrich Hertz

Prof. Dr. Walter Weizel, Bonn
Über das Problem der Kausalität in der Physik

1955, 76 Seiten, kartoniert, DM 3,30

HEFT 43 a

Prof. Dr. José Mª Albareda, Madrid
Die Entwicklung der Forschung in Spanien

1956, 68 Seiten, 18 Abb., kartoniert, DM 4,—

HEFT 44

Prof. Dr. Burckhardt Helferich, Bonn
Über Glykoside

Prof. Dr. Fritz Micheel, Münster
Kohlenhydrat-Eiweiß-Verbindungen und ihre biochemische Bedeutung

1956, 70 Seiten, 67 Abb., kartoniert, DM 4,60

HEFT 45

Prof. Dr. John von Neumann, Princeton, USA
Entwicklung und Ausnutzung neuerer mathematischer Maschinen

Prof. Dr. Eduard Stiefel, Zürich
Rechenautomaten im Dienste der Technik mit Beispielen aus dem Züricher Institut für angewandte Mathematik

1955, 74 Seiten, 6 Abb., kartoniert, DM 3,50

HEFT 46

Prof. Dr. Wilhelm Weltzien, Krefeld
Ausblick auf die Entwicklung synthetischer Fasern

Prof. Dr. Walther Hoffmann, Münster
Wachstumsprobleme der Industriewirtschaft

in Vorbereitung

HEFT 47

Staatssekretär Prof. Dr. h. c. Leo Brandt, Düsseldorf
Die praktische Förderung der Forschung in Nordrhein-Westfalen

Prof. Dr. Ludwig Raiser, Bad Godesberg
Die Förderung der angewandten Forschung durch die Deutsche Forschungsgemeinschaft

1957, 108 Seiten, 82 Abb., kartoniert, DM 9,55

HEFT 48

Dr. Hermann Tromp, Rom
Bestandsaufnahme der Wälder der Welt als internationale und wissenschaftliche Aufgabe

Prof. Dr. Franz Heske, Schloß Reinbek
Die Wohlfahrtswirkungen des Waldes als internationales Problem

1957, 88 Seiten, kartoniert, DM 3,85

HEFT 49

Präsident Dr. Günther Böhnecke, Hamburg
Zeitfragen der Ozeanographie

Reg.-Direktor Dr. H. Gabler, Hamburg
Nautische Technik und Schiffssicherheit

1955, 120 Seiten, 49 Abb., kartoniert, DM 7,50

HEFT 50

Prof. Dr.-Ing. Friedrich A. F. Schmidt, Aachen
Probleme der Selbstzündung und Verbrennung bei der Entwicklung der Hochleistungskraftmaschinen

Prof. Dr.-Ing. A. W. Quick, Aachen
Ein Verfahren zur Untersuchung des Austauschvorganges in verwirbelten Strömungen hinter Körpern mit abgelöster Strömung

1956, 88 Seiten, 38 Abb., kartoniert, DM 6,20

HEFT 51

Direktor Dr. Johannes Pätzold, Erlangen
Therapeutische Anwendung mechanischer und elektrischer Energie

1957, 38 Seiten, 7 Abb., kartoniert, DM 2,20

HEFT 51 a

Prof. Dr. Siegfried Strugger, Münster
Struktur, Entwicklungsgeschichte und Physiologie der Chloroplasten

in Vorbereitung

HEFT 52

Mr. F. A. W. Patmore, London
Der Air Registration Board und seine Aufgaben im Dienst der britischen Flugzeugindustrie

Prof. A. D. Young, Cranfield
Gestaltung der Lehrtätigkeit in der Luftfahrttechnik in Großbritannien

1956, 92 Seiten, 16 Abb., kartoniert, DM 4,65

HEFT 52 a

Dr. D. C. Martin, London
Geschichte und Organisation der Royal Society

Dr. A. J. A. Roux, Südafrikanische Union
Probleme der wissenschaftlichen Forschung in der Südafrikanischen Union

1958, 64 Seiten, 9 Abb., kartoniert, DM 3,75

HEFT 53

Prof. Dr.-Ing. Georg Schnadel, Hamburg
Forschungsaufgaben zur Untersuchung der Festigkeitsprobleme im Schiffsbau

Prof. Dipl.-Ing. Wilhelm Sturtzel, Duisburg
Forschungsaufgaben zur Untersuchung der Widerstandsprobleme im Schiffsbau

1957, 54 Seiten, 13 Abb., kartoniert, DM 3,20

HEFT 53 a

Prof. Giovanni Lampariello, Rom
Von Galilei zu Einstein

1956, 92 Seiten, kartoniert, DM 4,20

HEFT 54

Direktor Dr. Walter Dieminger, Lindau/Harz
Ionosphäre und drahtloser Weitverkehr

1958, 64 Seiten, 34 Abb., kartoniert, DM 5,50

HEFT 54 a

Sir John Cockcroft, London
Die friedliche Anwendung der Kernenergie

1956, 42 Seiten, 26 Abb., kartoniert, DM 3,—

HEFT 55

Prof. Dr.-Ing. Fritz Schultz-Grunow, Aachen
Das Kriechen und Fließen hochzäher und plastischer Stoffe

Prof. Dr.-Ing. Hans Ebner, Aachen
Wege und Ziele der Festigkeitsforschung besonders im Hinblick auf den Leichtbau

in Vorbereitung

HEFT 56

Prof. Dr. Ernst Derra, Düsseldorf
Der Entwicklungsstand der Herzchirurgie

Prof. Dr. Gunther Lehmann, Dortmund
Muskelarbeit und Muskelermüdung in Theorie und Praxis

1956, 102 Seiten, 49 Abb., kartoniert, DM 6,90

HEFT 57

Prof. Dr. Theodor von Kármán, Pasadena
Freiheit und Organisation in der Luftfahrtforschung

Staatssekretär Prof. Dr. h. c. Leo Brandt, Düsseldorf
Bericht über den Wiederaufbau deutscher Luftfahrtforschung

in Vorbereitung

HEFT 58

Prof. Dr. Fritz Schröter, Ulm
Neue Forschungs- und Entwicklungsrichtungen im Fernsehen

Prof. Dr. Albert Narath, Berlin
Der gegenwärtige Stand der Filmtechnik

1957, 116 Seiten, 46 Abb., kartoniert, DM 6,95

HEFT 59

Prof. Dr. Richard Courant, New York
Die Bedeutung der modernen mathematischen Rechenmaschinen für mathematische Probleme der Hydrodynamik und Reaktortechnik
Prof. Dr. Ernst Peschl, Bonn
Die Rolle der komplexen Zahlen in der Mathematik und die Bedeutung der komplexen Analysis
1957, 77 Seiten, 3 Abb., kartoniert, DM 4,85

HEFT 60

Prof. Dr. Wolfgang Flaig, Braunschweig
Grundlagenforschung auf dem Gebiet des Humus und der Bodenfruchtbarkeit
Prof. Dr. Dr. Eduard Mückenhausen, Bonn
Typologische Bodenentwicklung und Bodenfruchtbarkeit
1956, 112 Seiten, 36 Abb., kartoniert, DM 11,25

HEFT 61

Prof. Dr. W. Georgii, München
Aerophysikalische Flugforschung
Dr. Klaus Oswatitsch, Aachen
Gelöste und ungelöste Probleme der Gasdynamik
1957, 64 Seiten, 35 Abb., kartoniert, DM 5,40

HEFT 62

Prof. Dr. Adolf Butenandt, Tübingen
Über die Analyse der Erbfaktorenwirkung und ihre Bedeutung für biochemische Fragestellungen
Prof. Dr. J. Straub, Köln
Quantitative Genwirkung bei Polyploiden
in Vorbereitung

HEFT 63

Prof. Dr. Oskar Morgenstern, Princeton
Der theoretische Unterbau der Wirtschaftspolitik
1957, 32 Seiten, kartoniert, DM 2,10

HEFT 64

Prof. Dr. Bernhard Rensch, Münster
Die stammesgeschichtliche Sonderstellung des Menschen
1957, 60 Seiten, 5 Abb., kartoniert, DM 2,95

HEFT 65

Prof. Dr. Wilhelm Tönnis, Köln
Die neuzeitliche Behandlung frischer Schädelhirnverletzungen
1958, 50 Seiten, 16 Abb., kartoniert

HEFT 65 a

Prof. Dr. Siegfried Strugger, Münster
Die elektronenmikroskopische Darstellung der Feinstruktur des Protoplasmas mit Hilfe der Uranylmethode und die zukünftige Bedeutung dieser Methodik für die Erforschung der Strahlenwirkung
in Vorbereitung

HEFT 66

Prof. Dr. Wilhelm Fucks, Aachen
Bildliche Darstellung der Verteilung und der Bewegung von radioaktiven Substanzen im Raum, insbesondere von biologischen Objekten (Physikalischer Teil)
Prof. Dr. Hugo Wilhelm Knipping, Köln, und *Oberarzt Dr. E. Liese, Köln*
Bildgebung von Radioisotopenelementen im Raum bei bewegten Objekten (Herz und Lunge etc) (Medizinischer Teil)
in Vorbereitung

HEFT 67

Prof. Friedrich Paneth F. R. S., Mainz
Die Bedeutung der Isotopenforschung für geochemische und kosmochemische Probleme
Prof. Dr. J. Hans D. Jensen und
Dipl.-Phys. H. A. Weidenmüller, Heidelberg
Die Nichterhaltung der Parität
1958, 64 Seiten, kartoniert, DM 3,60

HEFT 67 a

M. Le Haut Commissaire Francis Perrin
Die Verwendung der Atomenergie für industrielle Zwecke
1958, 39 Seiten, 22 Abb., kartoniert, DM 3,90

HEFT 68

Prof. Dr. Hans Lorenz, Berlin
Forschungsergebnisse auf dem Gebiete der Bodenmechanik als Wegbereiter für neue Gründungsverfahren
Prof. Dr. Georg Garbotz, Aachen
Die Bedeutung der Baumaschinen- und Baubetriebsforschung für die Praxis (Aufgaben und Ergebnisse)
1958, 128 Seiten, 103 Abb., kartoniert, DM 11,—

HEFT 69

M. Maurice Roy, Châtillon
Recherche aéronautique française et perspectives européennes
Prof. Dr. Alexander Naumann, Aachen
Methoden und Ergebnisse der Windkanalforschung
1958, 90 Seiten, 73 Abb., kartoniert, DM 7,50

HEFT 69 a

Prof. Dr. H. W. Melville, London
Die Anwendung von radioaktiven Isotopen und hoher Energiestrahlung in der polymeren Chemie
1958, 32 Seiten, 5 Abb., kartoniert

HEFT 70

Prof. Dr. E. Justi, Braunschweig
Elektrothermische Kühlung und Heizung. Grundlagen und Möglichkeiten
Prof. Dr. Richard Vieweg, Braunschweig
Maß und Messen in Geschichte und Gegenwart
1958, 182 Seiten, 124 Abb., kartoniert, DM 15,50

HEFT 71

Prof. Dr. F. Baade, Kiel
Gesamtdeutschland und die Integration Europas
Prof. Dr. G. Schmölders, Köln
Ökonomische Verhaltensforschung
1957, 69 Seiten, kartoniert, DM 3,90

HEFT 72

Prof. Dr.-Ing Wilhelm Fucks, Aachen
Hochtemperaturplasma (Magnetohydrodynamik) und Kernfusion
Dr. Hermann Jordan, Aachen
Neutronenbremsung und Diffusion im Kernreaktor, veranschaulicht an einem Modell
in Vorbereitung

HEFT 73

Prof. Dr. A. Gustafson, Stockholm
Mutationen und Mutationsrichtung
Prof. Dr. J. Straub, Köln
Die Wirkung ionisierender Strahlung beim Mutationsprozeß *in Vorbereitung*

HEFT 73 a

Staatssekretär Prof. Dr. h. c. Dr. E. h. Leo Brandt, Düsseldorf
Das Atom-Forschungszentrum des Landes Nordrhein-Westfalen *in Vorbereitung*

HEFT 74

Prof. Dr.-Ing. Martin Kersten, Aachen
Neuere Versuche zur physikalischen Deutung technischer Magnetisierungsvorgänge
Professor Dr. rer.-nat. Günther Leibfried, Aachen
Zur Theorie idealer Kristalle
1958, 64 Seiten, 23 Abb., kartoniert, DM 4,50

HEFT 75

Prof. Dr. W. Klemm, Münster
Neue Wertigkeitsstufen bei den Übergangselementen

Prof. Dr.-Ing. H. Zahn, Aachen
Die Wollforschung in Chemie und Physik von heute
in Vorbereitung

HEFT 76

Prof. Dr. H. Cartan, Paris
Nicolas Bourbaki und die heutige Mathematik
in Vorbereitung

HEFT 76 a

Prof. Dr. H. Cramér, Stockholm
Über einige Klassen von stokastischen Prozessen und ihre Anwendung in Statistik und Versicherungstechnik
in Vorbereitung

HEFT 77

Prof. Dr. Georg Melchers, Tübingen
Die Bedeutung der Virusforschung für die moderne Genetik

Prof. Dr. Alfred Kühn, Tübingen
Über die Wirkungsweise von Erbfaktoren
in Vorbereitung

HEFT 78

Dr. Fréderic Ludwig, Scalay
Experimentelle Studien über indirekte Strahlenwirkungen (effets à distance) in bestrahlten Metazoen

Prof. A. H. W. Aten jr., Amsterdam
Die Anwendung radioaktiver Isotope in der chemischen Forschung
in Vorbereitung

HEFT 79

Prof. Dr. H. H. Inhoffen, Braunschweig
Chemische Übergänge von Gallensäuren in cancerogene Stoffe und ihre möglichen Beziehungen zum Krebsproblem

Prof. Dr. Rudolf Danneel, Bonn
Entstehung, Bau und Funktion der Mitochondrien
in Vorbereitung

HEFT 80

Prof. Dr. Max Born, Bad Pyrmont
Der Realitätsbegriff in der Physik
in Vorbereitung

HEFT 81

Prof. Dr. Joachim Wüstenberg, Gelsenkirchen
Der gegenwärtige ärztliche Standpunkt zum Problem der Beeinflussung der Gesundheit durch Luftverunreinigungen
in Vorbereitung

HEFT 82

Prof. Dr. Heinrich Kaiser, Dortmund
Fünf Jahre Arbeit des Instituts für Spektrochemie und angewandte Spektroskopie
Aufbau — Entwicklung — Ergebnisse — Pläne

Dipl.-Ing. Paul Schmidt, München
Periodisch wiederholte Zündungen durch Stoßwellen
in Vorbereitung

18 NEUE FORSCHUNGSSTELLEN
im Land Nordrhein-Westfalen
1954, 176 Seiten, 70 Abb., kartoniert, DM 10,—

JAHRESFEIER 1955

Prof. Dr. Josef Pieper, Münster
Über den Philosophie-Begriff Platons

Prof. Dr. Walter Weizel, Bonn
Die Mathematik und die physikalische Realität
1955, 62 Seiten, kartoniert, DM 2,90

JAHRESFEIER 1956

Prof. Dr. Gunther Lehmann, Dortmund
Arbeit bei hohen Temperaturen

Prof. Dr. Hans Kauffmann, Köln
Italienische Frührenaissance
1957, 58 Seiten, 12 Abb., kartoniert, DM 3,50

WISSENSCHAFT IN NOT

Staatssekretär Prof. Dr. Leo Brandt, Düsseldorf
Wissenschaft in Not

Prof. Dr. Ulrich Scheuner, Bonn
Probleme der Hochschullehrerbesoldung

Prof. Dr. Eugen Flegler, Aachen
Fragen des Hochschulhaushaltes

Prof. Dr. Siegfried Strugger, Münster
Entwicklung der Naturwissenschaften und die Frage des ständigen Etats der Institute
1957, 84 Seiten, kartoniert, DM 3,55

JAHRESFEIER 1957

Prof. Dr. Walter Kikuth, Düsseldorf
Die Infektionskrankheiten im Spiegel historischer und neuzeitlicher Betrachtungen

Prof. Dr. Josef Kroll, Köln
Der Gott Hermes
in Vorbereitung

GEISTESWISSENSCHAFTEN

HEFT 1

Prof. Dr. Werner Richter, Bonn
Die Bedeutung der Geisteswissenschaften für die Bildung unserer Zeit

Prof. Dr. Joachim Ritter, Münster
Die aristotelische Lehre vom Ursprung und Sinn der Theorie

1953, 64 Seiten, kartoniert, DM 2,90

HEFT 2

Prof. Dr. Josef Kroll, Köln
Elysium

Prof. Dr. Günther Jachmann, Köln
Die vierte Ekloge Vergils

1953, 72 Seiten, kartoniert, DM 2,90

HEFT 3

Prof. Dr. Hans Erich Stier, Münster
Die klassische Demokratie

1954, 100 Seiten, kartoniert, DM 4,50

HEFT 4

Prof. Dr. Werner Caskel, Köln
Lihyan und Lihyanisch. Sprache und Kultur eines früharabischen Königreiches

1954, 168 Seiten, 6 Abb., kartoniert, DM 8,25

HEFT 5

Prof. Dr. Thomas Ohm, Münster
Stammesreligionen im südlichen Tanganyika-Territorium

1953, 80 Seiten, 25 Abb., kartoniert, DM 8,—

HEFT 6

Prälat Prof. Dr. Dr. h. c. Georg Schreiber, Münster
Deutsche Wissenschaftspolitik von Bismarck bis zum Atomwissenschaftler Otto Hahn

1954, 102 Seiten, 7 Abb., kartoniert, DM 5,—

HEFT 7

Prof. Dr. Walter Holtzmann, Bonn
Das mittelalterliche Imperium und die werdenden Nationen

1953, 28 Seiten, kartoniert, DM 1,30

HEFT 8

Prof. Dr. Werner Caskel, Köln
Die Bedeutung der Beduinen in der Geschichte der Araber

1954, 44 Seiten, kartoniert, DM 2,—

HEFT 9

Prälat Prof. Dr. Dr. h. c. Georg Schreiber, Münster
Irland im deutschen und abendländischen Sakralraum

1956, 128 Seiten, 20 Abb., kartoniert, DM 9,—

HEFT 10

Prof. Dr. Peter Rassow, Köln
Forschungen zur Reichsidee im 16. und 17. Jahrhundert

1955, 32 Seiten, kartoniert, DM 1,50

HEFT 11

Prof. Dr. Hans Erich Stier, Münster
Roms Aufstieg zur Weltmacht und die griechische Welt

1957, 220 Seiten, kartoniert, DM 10,20

HEFT 12

Prof. Dr. Karl Heinrich Rengstorf, Münster
Mann und Frau im Urchristentum

Prof. Dr. Hermann Conrad, Bonn
Grundprobleme einer Reform des Familienrechts

1954, 106 Seiten, kartoniert, DM 4,50

HEFT 13

Prof. Dr. Max Braubach, Bonn
Der Weg zum 20. Juli 1944

1953, 48 Seiten, kartoniert, DM 2,20

HEFT 14

Prof. Dr. Paul Hübinger, Münster
Das deutsch-französische Verhältnis und seine mittelalterlichen Grundlagen

in Vorbereitung

HEFT 15

Prof. Dr. Franz Steinbach, Bonn
Der geschichtliche Weg des wirtschaftenden Menschen in die soziale Freiheit und politische Verantwortung

1954, 76 Seiten, kartoniert, DM 2,90

HEFT 16

Prof. Dr. Josef Koch, Köln
Die Ars coniecturalis des Nikolaus von Cues

1956, 56 Seiten, 2 Abb., kartoniert, DM 2,90

HEFT 17

Prof. Dr. James Conant,
Staatsbürger und Wissenschaftler

Prof. D. Karl Heinrich Rengstorf, Münster
Antike und Christentum

1953, 48 Seiten, 2 Abb., kartoniert, DM 2,90

HEFT 18

Prof. Dr. Richard Alewyn, Köln
Klopstocks Publikum

in Vorbereitung

HEFT 19

Prof. Dr. Fritz Schalk, Köln
Das Lächerliche in der französischen Literatur des Ancien Régime

1954, 42 Seiten, kartoniert, DM 2,—

HEFT 20

Prof. Dr. Ludwig Raiser, Bad Godesberg
Rechtsfragen der Mitbestimmung

1954, 48 Seiten, kartoniert, DM 2,—

HEFT 21

Prof. D. Martin Noth, Bonn
Das Geschichtsverständnis der alttestamentlichen Apokalyptik

1953, 36 Seiten, kartoniert, DM 1,60

HEFT 22

Prof. Dr. Walter F. Schirmer, Bonn
Glück und Ende der Könige in Shakespeares Historien

1954, 32 Seiten, kartoniert, DM 1,50

HEFT 23

Prof. Dr. Günther Jachmann, Köln
Der homerische Schiffskatalog und die Ilias

erscheint als Wissenschaftliche Abhandlung

HEFT 24
Prof. Dr. Theodor Klauser, Bonn
Die römische Petrustradition im Lichte der neuen Ausgrabungen unter der Peterskirche
1956, 144 Seiten, 3 Falttafeln, 37 Abb., kartoniert, DM 9,30

HEFT 25
Prof. Dr. Hans Peters, Köln
Die Gewaltentrennung in moderner Sicht
1955, 48 Seiten, kartoniert, DM 2,20

HEFT 26
Prof. Dr. Fritz Schalk, Köln
Calderon und die Mythologie
in Vorbereitung

HEFT 27
Prof. Dr. Josef Kroll, Köln
Vom Leben geflügelter Worte
erscheint als Wissenschaftliche Abhandlung

HEFT 28
Prof. Dr. Thomas Ohm, Münster
Die Religionen in Asien
1954, 50 Seiten, 4 Abb., kartoniert, DM 5,—

HEFT 29
Prof. Dr. Johann Leo Weisgerber, Bonn
Die Ordnung der Sprache im persönlichen und öffentlichen Leben
1955, 64 Seiten, kartoniert, DM 2,90

HEFT 30
Prof. Dr. Werner Caskel, Köln
Entdeckungen in Arabien
1954, 44 Seiten, kartoniert, DM 2,—

HEFT 31
Prof. Dr. Max Braubach, Bonn
Entstehung und Entwicklung der landesgeschichtlichen Bestrebungen und historischen Vereine im Rheinland
1955, 32 Seiten, kartoniert, DM 1,60

HEFT 32
Prof. Dr. Fritz Schalk, Köln
Somnium und verwandte Wörter in den romanischen Sprachen
1955, 48 Seiten, 3 Abb., kartoniert, DM 2,50

HEFT 33
Prof. Dr. Friedrich Dessauer, Frankfurt a. M.
Erbe und Zukunft des Abendlandes
1956, 32 Seiten, kartoniert, DM 1,80

HEFT 34
Prof. Dr. Thomas Ohm, Münster
Ruhe und Frömmigkeit
1955, 128 Seiten, 30 Abb., kartoniert, DM 8,—

HEFT 35
Prof. Dr. Hermann Conrad, Bonn
Die mittelalterliche Besiedlung des deutschen Ostens und das Deutsche Recht
1955, 40 Seiten, kartoniert, DM 2,—

HEFT 36
Prof. Dr. Hans Sckommodau, Köln
Die religiösen Dichtungen Margaretes von Navarra
1955, 172 Seiten, kartoniert, DM 7,20

HEFT 37
Prof. Dr. Herbert von Einem, Bonn
Der Mainzer Kopf mit der Binde
1955, 88 Seiten, 40 Abb., kartoniert, DM 6,—

HEFT 38
Prof. Dr. Joseph Höffner, Münster
Statik und Dynamik in der scholastischen Wirtschaftsethik
1955, 48 Seiten, kartoniert, DM 2,20

HEFT 39
Prof. Dr. Fritz Schalk, Köln
Diderots Essai über Claudius und Nero
1956, 40 Seiten, kartoniert, DM 2,25

HEFT 40
Prof. Dr. Gerhard Kegel, Köln
Probleme des internationalen Enteignungs- und Währungsrechts
1956, 62 Seiten, kartoniert, DM 2,85

HEFT 41
Prof. Dr. Johann Leo Weisgerber, Bonn
Die Grenzen der Schrift — Der Kern der Rechtschreibreform
1955, 72 Seiten, kartoniert, DM 3,25

HEFT 42
Prof. Dr. Richard Alewyn, Köln
Von der Empfindsamkeit zur Romantik
in Vorbereitung

HEFT 43
Prof. Dr. Theodor Schieder, Köln
Die Probleme des Rapallo-Vertrages
1956, 108 Seiten, kartoniert, DM 4,80

HEFT 44
Prof. Dr. Andreas Rumpf, Köln
Stilphasen der spätantiken Kunst
1957, 100 Seiten, 189 Abb., kartoniert, DM 9,80

HEFT 45
Dr. Ulrich Luck, Münster
Kerygma und Tradition in der Hermeneutik Adolf Schlatters
1955, 136 Seiten, kartoniert, DM 6,15

HEFT 46
Prof. Dr. Walther Holtzmann, Rom
Das Deutsche Historische Institut in Rom
Prof. Dr. Graf Wolff von Metternich, Rom
Die Bibliotheca Hertziana und der Palazzo Zuccari
1955, 68 Seiten, 7 Abb., kartoniert, DM 3,50

HEFT 47
Prof. Dr. Harry Westermann, Münster
Person und Persönlichkeit im Zivilrecht
1957, 64 Seiten, kartoniert, DM 3,10

HEFT 48
Prof. Dr. Johann Leo Weisgerber, Bonn
Die Namen der Ubier
in Vorbereitung

HEFT 49
Prof. Dr. Friedrich Karl Schumann, Münster
Mythos und Technik
1958, 72 Seiten, kartoniert, DM 4,—

HEFT 50
Prof. D. Karl Heinrich Rengstorf, Münster
Die Anfänge des Diakonats
in Vorbereitung

HEFT 51

Prälat Prof. Dr. Dr. h. c. Georg Schreiber, Münster
Der Bergbau in Geschichte, Ethos und Sakralkultur
in Vorbereitung

HEFT 52

Prof. Dr. Hans J. Wolff, Münster
Die Rechtsgestalt der Universität
1956, 56 Seiten, kartoniert, DM 2,65

HEFT 53

Prof. Dr. Heinrich Vogt, Bonn
Schadenersatzprobleme im Verhältnis von Haftungsgrund und Schaden
in Vorbereitung

HEFT 54

Prof. Dr. Max Braubach, Bonn
Der Einmarsch der deutschen Truppen in die entmilitarisierte Zone am Rhein im März 1936. Ein Beitrag zur Vorgeschichte des zweiten Weltkrieges
1956, 48 Seiten, kartoniert, DM 2,40

HEFT 55

Prof. Dr. Herbert von Einem, Bonn
Die „Menschwerdung Christi" des Isenheimer Altars
1957, 42 Seiten, 13 Abb., kartoniert, DM 2,55

HEFT 56

Prof. Dr. Ernst Joseph Cohn, London
Der englische Gerichtstag
1956, 88 Seiten, kartoniert, DM 4,15

HEFT 57

Dr. Albert Woopen, Aachen
Die Zivilehe und der Grundsatz der Unauflöslichkeit der Ehe in der Entwicklung des italienischen Zivilrechts
1956, 88 Seiten, kartoniert, DM 4,—

HEFT 58

Prof. Dr. Karl Kerényi, Ascona
Die Herkunft der Dionysos-Religion nach dem heutigen Stand der Forschung
1956, 32 Seiten, kartoniert, DM 1,75

HEFT 59

Prof. Dr. Herbert Jankuhn, Kiel
Die Ausgrabungen in Haithabu und ihre Bedeutung für die Handelsgeschichte des frühen Mittelalters
1958, 64 Seiten, 8 Abb., kartoniert, DM 3,70

HEFT 60

Dr. Stephan Skalweit, Bonn
Edmund Burke und Frankreich
1956, 84 Seiten, kartoniert, DM 4,15

HEFT 61

Prof. Dr. Ulrich Scheuner, Bonn
Die Neutralität im heutigen Völkerrecht
in Vorbereitung

HEFT 62

Prof. Dr. Anton Moortgat, Berlin
Archäologische Forschungen der Max-Freiherr-von-Oppenheim-Stiftung im nördlichen Mesopotamien
1957, 32 Seiten, 11 Abb., kartoniert, DM 2,10

HEFT 63

Prof. Dr. Joachim Ritter, Münster
Hegel und die französische Revolution
1957, 126 Seiten, kartoniert, DM 6,60

HEFT 64

Prof. Dr. Hermann Conrad und
Prof. Dr. Carl Arnold Willemsen, Bonn
Die Konstitutionen von Melfi Friedrichs II. von Hohenstaufen (1231)
in Vorbereitung

HEFT 65

Prälat Prof. Dr. Dr. h. c. Georg Schreiber, Münster
Der Islam und das christliche Abendland
in Vorbereitung

HEFT 66

Prof. Dr. Werner Conze, Münster
Die Strukturgeschichte des technisch-industriellen Zeitalters als Aufgabe für Forschung und Unterricht *1957, 52 Seiten, kartoniert, DM 2,70*

HEFT 67

Prof. Dr. Gerhard Hess, Bad Godesberg
Zur Entstehung der „Maximen" La Rochefoucaulds
1957, 44 Seiten, kartoniert, DM 2,30

HEFT 68

Prof. Dr. Fritz Schalk, Köln
Poetica de Aristoteles traducida de latin. Illustrada y commentada por Juan Pablo Martiz Rizo (erste kritische Ausgabe des spanischen Textes)
in Vorbereitung

HEFT 69

Prof. Dr. Ernst Langlotz, Bonn
Perseus. Dokumentation der Wiedergewinnung eines Meisterwerkes der griechischen Plastik
in Vorbereitung

HEFT 70

Prof. Dr. Erich Boehringer, Berlin
Der Aufbau des Deutschen Archäologischen Instituts
in Vorbereitung

HEFT 71

Dr. Josef Wintrich, Karlsruhe
Zur Problematik der Grundrechte
1957, 62 Seiten, kartoniert, DM 3,25

HEFT 72

Prof. Dr. Josef Pieper, Münster
Über den Begriff der Tradition
1957, 66 Seiten, kartoniert, DM 3,70

HEFT 73

Prof. Dr. Walter F. Schirmer, Bonn
Die frühen Darstellungen des Arthurstoffes
1958, 98 Seiten, kartoniert, DM 5,—

HEFT 74

Prof. William L. Prosser, Berkeley
Kausalzusammenhang und Fahrlässigkeit
1958, 58 Seiten, kartoniert, DM 3,40

HEFT 75

Prof. Dr. Leo Weisgerber, Bonn
Verschiebungen in der sprachlichen Einschätzung von Menschen und Sachen
erschienen 1958 als Wissenschaftliche Abhandlung, Band 2

HEFT 76

Prof. Walter H. Bruford, Cambridge
Fürstin Gallitzin und Goethe. Das Selbstvervollkommnungsideal und seine Grenzen
1957, 44 Seiten, 1 Abb., kartoniert, DM 2,60

HEFT 77

Prof. Dr. Hermann Conrad, Bonn
Die geistigen Grundlagen des Allgemeinen Landrechts für die preußischen Staaten von 1794
1958, 66 Seiten, kartoniert, DM 3,55

HEFT 78

Prof. Dr. Herbert von Einem, Bonn
Asmus Jacob Carstens, Die Nacht mit ihren Kindern

1958, 64 Seiten, 24 Abb., kartoniert, DM 5,—

HEFT 79

Prof. Dr. P. Gieseke, Bad Godesberg
Eigentum und Grundwasser

in Vorbereitung

HEFT 80

Prof. Dr. Dr. Werner Richter, Bonn
Wissenschaft und Geist in der Weimarer Republik

HEFT 81

Prof. Dr. J. Leo Weisgerber, Bonn
Sprachenrecht und europäische Einheit

JAHRESFEIER 1955

Prof. Dr. Josef Pieper, Münster
Über den Philosophie-Begriff Platons

Prof. Dr. Walter Weizel, Bonn
Die Mathematik und die physikalische Realität

1955, 62 Seiten, kartoniert, DM 2,90

JAHRESFEIER 1956

Prof. Dr. Gunther Lehmann, Dortmund
Arbeit bei hohen Temperaturen

Prof. Dr. Hans Kauffmann, Köln
Italienische Frührenaissance

1957, 58 Seiten, 12 Abb., kartoniert, DM 3,50

WISSENSCHAFT IN NOT

Staatssekretär Prof. Dr. Leo Brandt, Düsseldorf
Wissenschaft in Not

Prof. Dr. Ulrich Scheuner, Bonn
Probleme der Hochschullehrerbesoldung

Prof. Dr. Eugen Flegler, Aachen
Fragen des Hochschulhaushalts

Prof. Dr. Siegfried Strugger, Münster
Entwicklung der Naturwissenschaften und die Frage des ständigen Etats der Institute

1957, 84 Seiten, kartoniert, DM 3,55

JAHRESFEIER 1957

Prof. Dr. Walter Kikuth, Düsseldorf
Die Infektionskrankheiten im Spiegel historischer und neuzeitlicher Betrachtungen

Prof. Dr. Josef Kroll, Köln
Der Gott Hermes

in Vorbereitung

WISSENSCHAFTLICHE ABHANDLUNGEN

BAND 1
Dr. Wolfgang Priester, Dr. Hans Gerhard Bennewitz, Peter Lengrüßer, Bonn
Radio-Beobachtungen des ersten künstlichen Erdsatelliten
1958, 46 Seiten, 21 Abb., Ganzleinen, DM 8,50

BAND 2
Professor Dr. Leo Weisgerber, Bonn
Verschiebungen in der sprachlichen Einschätzung von Menschen und Sachen
1958, 186 Seiten, Ganzleinen DM 14,—
kartoniert DM 11,80

BAND 3
Dr. Erich Meuthen, Marburg
Die letzten Jahre des Nikolaus von Kues
1958, 346 Seiten, Ganzleinen, DM 28,—

BAND 4
Dr. Hans Georg Kirchhoff, Rommerskirchen
Die staatliche Sozialpolitik im Ruhrbergbau 1871—1914
1958, 180 Seiten, Ganzleinen DM 12,80
kartoniert DM 10,50

BAND 5
Prof. Dr. Günther Jachmann, Köln
Der homerische Schiffskatalog und die Ilias
1958, 342 Seiten, Ganzleinen DM 35,70

BAND 6
Prof. Dr. Peter Hartmann, Münster
Das Wort als Name
1958, 100 Seiten

BAND 7
Prof. Dr. Anton Moortgat, Berlin
Archäologische Forschungen der Max Freiherr von Oppenheim-Stiftung im nördlichen Mesopotamien 1956
in Vorbereitung

BAND 8
Dr. Wolfgang Priester und Gerhard Hergenhahn, Bonn
Bahnbestimmung von Erdsatelliten aus Doppler-Effekt-Messungen
1958, 52 Seiten, 11 Abb., Ganzleinen DM 8,—
kartoniert DM 6,20

BAND 9
Prof. Dr. Harry Westermann, Münster
Welche gesetzlichen Maßnahmen zur Luftreinhaltung und zur Verbesserung des Nachbarrechts sind erforderlich?
1958, 88 Seiten, Ganzleinen DM 8,20
kartoniert DM 6,40

Prof. Dr. Josef Kroll, Köln
Vom Leben geflügelter Worte
in Vorbereitung

Prälat Prof. Dr. Dr. h. c. Georg Schreiber, Münster
Die Wochentage im Erlebnis der Ostkirche und des christlichen Abendlandes
in Vorbereitung

Prof. Dr. Hermann Conrad und Gerd Kleinheyer
Carl Gottlieb Svarez 1746—1796. Vorträge über Recht und Staat
in Vorbereitung

GPSR Compliance
The European Union's (EU) General Product Safety Regulation (GPSR) is a set of rules that requires consumer products to be safe and our obligations to ensure this.

If you have any concerns about our products, you can contact us on

ProductSafety@springernature.com

In case Publisher is established outside the EU, the EU authorized representative is:

Springer Nature Customer Service Center GmbH
Europaplatz 3
69115 Heidelberg, Germany

www.ingramcontent.com/pod-product-compliance
Ingram Content Group UK Ltd.
Pitfield, Milton Keynes, MK11 3LW, UK
UKHW061657190726
13853UKWH00008B/2260
* 9 7 8 3 6 6 3 0 4 0 2 5 5 *